Macではじめる Rhinoceros

Macでオリジナルのモデルを
3Dプリントしよう！

中島淳雄 [監修]
Atsuo Nakajima

株式会社アプリクラフト [執筆]
AppliCraft Co.,Ltd.

JN183632

次の製品は、TLM, Inc.(Robert McNeel & Associatesとして事業経営中)の登録商標です。
　Rhinoceros®
　Rhino®
　Rhino3D®
次の製品は、TLM, Inc.(Robert McNeel & Associatesとして事業経営中)の商標です。
　Rhino OS X™
Windowsは、米国Microsoft Corporationの米国およびその他の国における商標または登録商標です。
Macの名称は、米国および他の国々で登録されたApple Inc.の商標です。
その他、本文中に登場する製品の名称は、すべて関係各社の商標または登録商標です。

はじめに

Rhinoceros（ライノセラス、以降、Rhino）のWindows版は、1998年にリリースされてから17年目となりました。RhinoのMac版（以降、Rhino 5 for Mac）は2015年6月に数年におよぶベータ版での提供を終え、製品版がリリースされました。

Rhino 5 for Macは、Windows版Rhino5.0のほとんどの機能を有します。最も大きな違いは、Windows版Rhino5.0で動作するプラグインが存在しないことですが、本書ではそれらの機能を必要とするようなモデリングは行いません。

Rhino 5 for MacはWindows版Rhino同様、身近な"ホビーユース"から"工業デザイン"、"機械設計"、"金型設計"、"製造設計"、"意匠建築デザイン"、"ジュエリーデザイン"他、あらゆるニーズに対応することができます。

本書では、初めてRhinoを使用されるMacユーザーを対象に、3次元のデジタルモデルを造形し、そのモデルを3Dプリンターに出力することを目的とします。

3Dプリンターはここ数年、飛躍的に普及しましたが、まだ確実に出力できるデータを作成することは難しいようです。本書を通じて、バーチャルなデジタルモデルだけではなく、リアルな立体として出力することを実際に経験してみることは貴重な体験になるはずです。

本書は、第1章〜第13章で構成されています。各章では最初に習得するゴールを明確にし、そのゴールを習得するための操作を明示してあります。また機能や操作の説明に加え、Tips、Columnという欄を設けてあり、それぞれ操作や3次元モデリングに関してコメントを行っていますので、参考にしてください。

第1章から第4章は、最も基本的な操作説明になります。これらの章は必ず読んで理解してください。

第5章から第11章までは、テーマごとのモデリングで構成されています。

第5章のモデリングが、実用的なモデリングの中では一番平易なものを解説してあります。また、章の最後に3Dプリンター出力の解説がされていますので、後の章に進む前に、この章を終了することをお勧めします。

第12章では、Rhino 5 for Macで行えるレンダリングについて基本的な操作について解説します。

第13章では、曲面モデリングに必要なUV空間の概念と、モーフィングによるモデリングについて説明いたします。

本書で解説するものは本当に基本的な機能・操作の一部で、3次元モデリングに慣れてもらうことを目的としています。さらなる3次元モデリングに興味のある方は、ネット上の資料や他の書籍を参考にしてモデリングに挑戦してもらいたいと思います。

本書で使用されているモデルデータは、下記からダウンロードできるようにしてあります。

http://www.rutles.net/download/439/index.html

それでは、Rhinoによる3次元デジタルモデリングを楽しんでください。

2015年9月　中島淳雄

目次

第1章　Rhino 5 for Macを使う準備
- 1-1　Rhino 5 for Macのインストール……8
- 1-2　ライセンスバリデーション……12

第2章　モデリングを始める前に①
- 2-1　モデルファイルを開く……16
- 2-2　コマンドの選択……18
- 2-3　簡単なソリッド（円柱の作成）……21
- 2-4　ビューの操作……23
- 2-5　モデルファイルの保存……26

第3章　モデリングを始める前に②
- 3-1　サイドバーの機能……28
- 3-2　レイヤの操作……30
- 3-3　オブジェクトの種類……38
- 3-4　ヘルプの利用……47

第4章　3Dモデルを作ってみよう
- 4-1　モデリングの準備……50
- 4-2　車輪の作成……52
- 4-3　台車の作成……61
- 4-4　運転席と屋根の作成……64
- 4-5　ボイラーの作成……68
- 4-6　煙突とドームの作成……71
- 4-7　モデルを一体化して保存……75

第5章　プレートのモデリング
- 5-1　テンプレートからRhinoモデルを開く……78
- 5-2　2次元のラインを作成する……79
- 5-3　ラインを押し出してソリッドを作成する……84
- 5-4　くぼみの穴を開ける……87
- 5-5　ロゴを配置する……88
- 5-6　穴を開ける……91
- 5-7　フィレットを付ける……93
- 5-8　3Dプリンター用データに出力……97

第6章　ワイングラスのモデリング

- 6-1　ガイドラインの作成……………102
- 6-2　ワイングラスの輪郭線を作成する……………104
- 6-3　フィレットを作成する……………109
- 6-4　回転サーフェスを作成する……………111
- 6-5　ブレンドサーフェスを作成する……………113
- 6-6　3Dプリンターに出力する……………116

第7章　iPhone6ケースのモデリング

- 7-1　本体のベースとなる形状の作成……………118
- 7-2　本体を入れる穴をあける……………123
- 7-3　背面に穴をあける……………127
- 7-4　側面に穴をあける……………133
- 7-5　フィレットをかける……………135
- 7-6　3Dプリンターに出力する……………138

第8章　キャラクターのモデリング

- 8-1　ガイドラインの作成……………140
- 8-2　自由曲線による頭と胴体の作成……………142
- 8-3　サーフェスのリビルドと制御点の編集その1(足の作成)……………146
- 8-4　サーフェスのリビルドと制御点の編集その2(頭の変形)……………151
- 8-5　単純な3次元カーブによる腕の作成……………153
- 8-6　目の作成……………156
- 8-7　ブール演算によるオブジェクトの結合……………159
- 8-8　3Dプリンターに出力する……………160

第9章　テーブルのモデリング

- 9-1　参考モデルファイルから開く……………162
- 9-2　テーブルの外形線を作成する……………163
- 9-3　脚の位置決定とテーブル外形線の作成……………165
- 9-4　テーブルの外形線を基に天板を作成する……………173
- 9-5　脚の作成と天板との結合とフィレット作成……………177
- 9-6　3Dプリンターで出力するための準備……………179

第10章　椅子のモデリング

- 10-1　参考モデルファイルから開く………182
- 10-2　座面を作成する………183
- 10-3　脚を作成する………187
- 10-4　背もたれを作成する………190
- 10-5　すべてのパーツの結合………199
- 10-6　3Dプリンターで出力するための準備………201

第11章　ドールハウスのモデリング

- 11-1　押し出しによる床の作成………204
- 11-2　柱の作成………208
- 11-3　曲面を持つ壁の作成………217
- 11-4　配列コマンドを使用した階段の作成………225
- 11-5　屋根の作成………230
- 11-6　ロフトの作成………232
- 11-7　窓の作成………235
- 11-8　ハシゴの作成と全パーツの結合………238

第12章　レンダリングと色付きモデルの出力

- 12-1　シンプルなレンダリング………244
- 12-2　光源の設定………248
- 12-3　ライブラリーの使用と編集………252
- 12-4　3Dプリンター出力用のペイント………256

第13章　UV曲線を使ったモデリング

- 13-1　次数とUV曲線………260
- 13-2　鉛筆立てのモデリング………264

索引………275

第1章
Rhino 5 for Macを使う準備

Starting Rhino with Mac

〔達成目標〕
本章では、Rhino 5 for Macを使用するコンピューターにインストールし、ライセンスの認証(ライセンスバリデーション)を行う方法を理解する。

✓ Rhino 5 for Macをインストール
✓ ライセンスバリデーションの手続き

1-1 Starting Rhino with Mac

Rhino 5 for Macのインストール

操作やモデリングを始める前に、Rhino 5 for Mac（以下Rhino）のインストール手順を解説する。ここでは、OS X バージョン 10.9.5を例に説明する。

Rhinoをインストールしてみよう。インストールプログラムは、アプリクラフトのウェブサイト（http://www.rhino3d.co.jp/download/）からダウンロードする。

> **Column**
>
> **Rhino評価版のインストール**
>
> Rhinoは評価版（無償）を用意しており、製品版と同じ機能を90日間すべて試用できる。インストールの方法は製品版と同じだが、専用のライセンスキーが発行される。評価版のインストールプログラムは、アプリクラフトの「ダウンロードサービス」サイト（http://www.rhino3d.co.jp/support/download.html ）からダウンロードできる。

①インストールプログラムをダウンロード

図1-1-01（http://www.rhino3d.co.jp/download/）にある「Rhino 5 for Mac」をクリックして、図1-1-02の画面で、ユーザー登録に使用するメールアドレス（管理者のものを推奨）を入力してダウンロード。インストールプログラムは、コンピューターに保存して実行する。

▲図1-1-01

▲図1-1-02

②Rhinoをインストール

ダウンロードしたファイルをダブルクリックして、プログラムを起動（図1-1-03は、2015年9月現在のファイル）する。

▲図1-1-03

プログラムを起動すると、「エンドユーザー使用許諾契約書」（図1-1-04）が表示される。使用許諾契約書に同意してインストールを続ける場合は、［同意します］をクリック。同意すると、プログラムファイルがマウントされる（図1-1-05）。

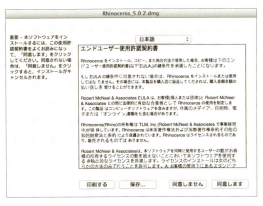
▲図1-1-04

▲図1-1-05

インストールを開始するには図1-1-06の画面で、「Rhinoceros」のアイコンを「Applications」フォルダーのアイコンにドラッグ＆ドロップする。「"Rhinoceros"を"アプリケーション"にコピー中」の画面（図1-1-07）が消えると、インストール完了。インストール画面を閉じるには、画面左上の［X］ボタンで閉じる。

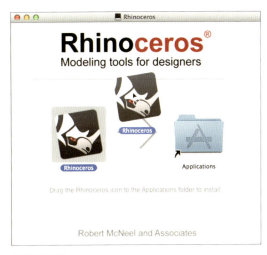
▲図1-1-06

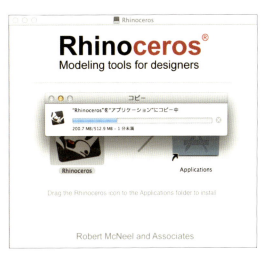
▲図1-1-07

③ライセンスキーを入力

Rhinoを使用するには、ライセンスキー（MR50で始まる英数字）の入力が必要だ。ここでは、スタンドアロンノードで利用する場合を紹介する。

> **Tips**
> 製品版ライセンスキーは、ライセンス証書「インストールライセンスキーのお知らせ」に記載されている。また、評価版用のライセンスキー（ライセンスコード）は、Rhino開発元からメール（件名は「Rhino for Mac 5 Evaluationへようこそ」）で案内される。

ライセンスキーの入力は、Rhinoを起動して行う。Rhinoの起動は、Macのアプリケーションフォルダー（移動メニュー:アプリケーション）を開き、「Rhinoceros」アイコンをダブルクリックする。

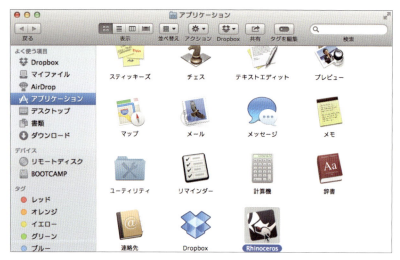

▲図1-1-08

Rhinoを起動すると、図1-1-09の画面が表示される。ライセンスキーを入力するには、［ライセンスを入力］をクリックする。評価版を利用する場合も、［ライセンスを入力］をクリックして先へ進む。

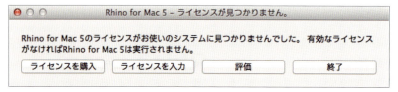

▲図1-1-09

次に、ライセンスの情報を入力する。「スタンドアロンノード」を選択して、名前、会社名（学校名）、ライセンスキー（半角英数字）を入力。

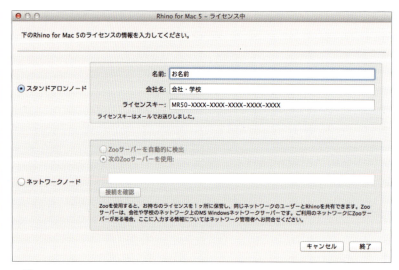

▲図1-1-10

［終了］をクリックすると、Rhinoの初期画面（図1-1-11）が表示される。

▲図1-1-11

> Column
>
> ## ライセンスのフローティング
>
> Rhinoは、ライセンスのフローティング化が可能。フローティング化により、ネットワークに接続されたPC間でライセンスを移動して、いずれのコンピューターでもRhinoが利用できる。設定方法は、アプリクラフト Rhinoサポート Blog(http://kyosapo.blogspot.jp/)を参照いただきたい。

1-2 Starting Rhino with Mac

ライセンスバリデーション

Rhinoを使用するには、インストール完了後、ライセンスを認証する作業が必要だ。認証作業はインターネットを使って行う。

ライセンスバリデーション（以下バリデーション）は、Rhinoをインストールしたコンピューターで、Rhino開発元とインターネットを経由して、所有のライセンスを利用できるよう認証する手続きだ。バリデーションは、Rhinoのインストールから30日以内に行う。なお、インターネット接続環境にない場合は、オフラインでの認証手続きも可能（手順は、アプリクラフト RhinoサポートBlog http://kyosapo.blogspot.jp/を参照）。ここでは、インターネット接続可能な場合のオンラインでのバリデーション手順を紹介する。

> **Tips**
> バリデーションは、コンピューターの変更やOSの入替え等、Rhinoを使用するシステムを変更しない限り、一度のみ手続きを行う。したがって、バリデーションの実施後は、常にインターネット接続しておく必要はない。

①バリデーション手続きの開始

図1-2-01の画面でモデルファイルを開くと、バリデーションが実施されていない場合、「ライセンスバリデーション」の画面（1-2-02）が表示される。ここでは、［新規モデル］をクリックする。

▲図1-2-01

▲図1-2-02

バリデーションの手続きを開始するため、図1-2-02の［続行］をクリックする。

② メールアドレスの入力

「Email」の項目に、メールアドレスを入力して［続行］をクリック（メールアドレスは、ライセンス管理者のアドレスを推奨）する。

▲図1-2-03

③ユーザー情報の登録

ユーザー登録に必要な情報を入力して［続行］をクリックする。

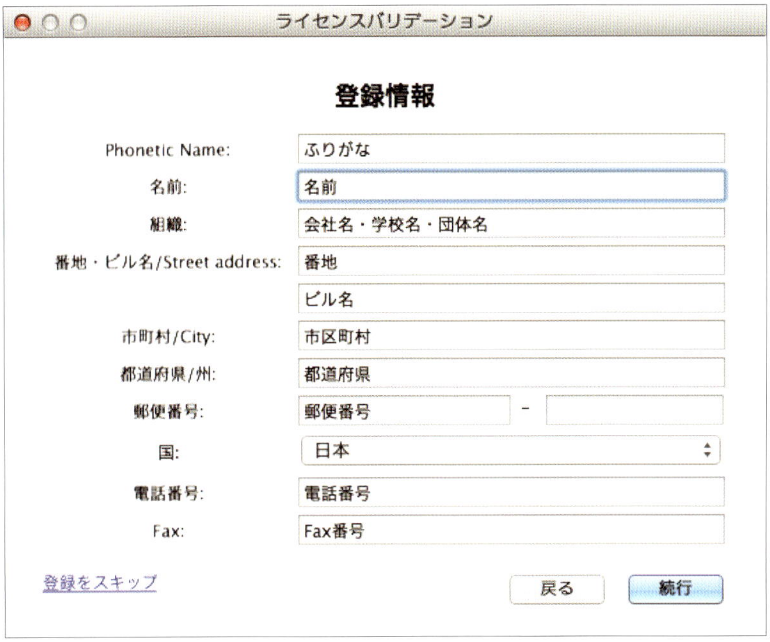

▲図1-2-04

「職業」「関心のある分野」「Rhino以外にお使いのソフトウェア」について、該当する項目を選択する。

▲図1-2-05

▲図1-2-06

図1-2-06で[続行]をクリックすると、バリデーションが開始される。前の画面に戻る場合は、[戻る]をクリックする。

④バリデーションの完了

手続きが完了すると、図1-2-07が表示される。画面を閉じるには、[閉じる]をクリックする。

▲図1-2-07

第2章
モデリングを始める前に①

Starting Rhino with Mac

〔達成目標〕
簡単な図形を作成しながら、Rhino 5 for Macの操作画面にどんな機能があるか見てみよう。また、作成した図形を使って、以下の操作を習得する。

- ✓ モデルファイルを開く
- ✓ コマンドの選択方法とコマンドプロンプトの見方
- ✓ ビューポートの使い方と操作(シェーディング表示、回転/ズーム/パン、1画面表示)
- ✓ モデルファイルの保存

2-1 Starting Rhino with Mac

モデルファイルを開く

モデリングは、まずモデルのファイルを開くことから始める。新たにモデリングを始める場合は、あらかじめ用意されているテンプレート（ひな形）のモデルファイルを開く。

Rhino 5 for Mac（以下Rhino）の操作画面を表示するには、Rhinoを起動してモデルファイルを開く。ここでは、新規のモデルファイルを開くため、Rhino起動後、図2-1-01の画面左下にある［新規モデル］を左クリックする。

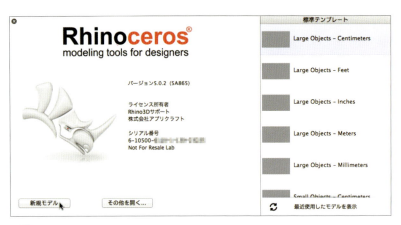

▲図2-1-01

> **Tips**
> モデルファイルを開くには、図2-1-01の画面で作業を始めるファイルを選択する。［新規モデル］では、初期設定されたテンプレートファイルを開き、［その他を開く］では、フォルダーを参照して、既存のファイルを開く。また、以前作業したファイルは、画面右上に「最近使用したモデル」と表示され、目的のファイルを直接選択して開くことができる。その場合、テンプレートファイルを新たに選択するには、画面右下の［テンプレートを表示］を左クリックする。

> **Column**
> ### テンプレートファイルの内容
> テンプレートファイルは、新たにモデルを作成するための"ひな形"のファイルだ。それぞれ単位と精度が設定されており、モデルの大きさによって選択するほか、作成するデータの利用目的によって選択する。例えば、他のCADにデータを渡したり、金型の製作等、精度が必要な場合に使用されることの多い、「Small Objects - Millimeters」のテンプレートでは、単位を「mm」、絶対許容差を「0.001mm」に設定している。なお、［新規モデル］の初期設定では、「Small Objects - Millimeters」のテンプレートが開かれる。

新規のモデルファイルを開くと、図2-1-02の画面が表示される。ここでは、円柱のモデルを作成して、それぞれの機能を操作する。

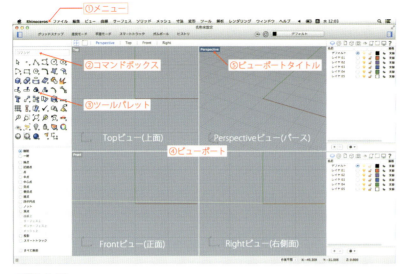

▲図2-1-02

①メニュー

機能の選択項目（以降、コマンド）が、作業の内容や種類で分けられている。

②コマンドボックス

コマンドを選択すると、操作に必要な入力情報（プロンプト、オプション、数値入力ボックス等）を表示する。モデルを作成する際の寸法や位置座標もここで入力する。

③ツールパレット

コマンドを割り当てたボタン（ツールボタン）が収められている。

④ビューポート

モデルを作業する画面。初期設定では、Top（上面）、Front（正面）、Right（右側面）、Perspective（パース）の4つのビューが用意されている。

⑤ビューポートタイトル

ビューの名前を表示するほか、現在作業しているビューをハイライト表示する（図2-1-02では、Perspectiveビュー）。また、ビューポートタイトルを右クリックすると、ビューポートのメニューにアクセスできる。

2-2 コマンドの選択

Rhinoは、実行したい機能を入力して操作を行うプログラムで、機能の選択項目を「コマンド」と呼んでいる。ここでは、コマンドの選択方法を説明する。

コマンドは、「メニュー」(図2-1-02①)、「コマンドボックス」(図2-1-02②)、「ツールパレット」(図2-1-02③)から呼び出すことができる。ここでは、円柱を作成するコマンドを、それぞれの方法で紹介する。なお、本書では使用するコマンドを以下のように記載して、「メニュー」から選択する。

■ [ソリッドメニュー:円柱/Cylinder]
(ツールボタンのアイコン)[(メニュー名):(副メニュー名)/(コマンド)]

①メニューからコマンドを選択

メニューの「ソリッド」を左クリックした後、「円柱」を左クリックする(図2-2-01)。

▲図2-2-01

Cylinderコマンドを選択すると、コマンドボックスにプロンプト(図2-2-02)が表示され、円柱の底面の中心、半径、円柱の高さの順で、それぞれ指定して円柱を作成する。

▲図2-2-02

> **Tips**
> 選択したコマンドをキャンセルするには、[esc]キーを押すか、または他のコマンドを選択する。

②コマンドボックスでCylinderコマンドを選択

　コマンド入力の待機状態で(コマンドボックスに「コマンド」と表示されている状態。図2-1-02の②)、「Cylinder」とキーボード入力して(図2-2-03)、[enter]キーを押す。

▲図2-2-03

③ツールパレットからCylinderコマンドを選択

④-(1)

　"直方体"の絵柄のアイコンを左マウスボタンで押し続けると、「副ツールパレット」が表示される。

▲図2-2-04

③-(2)

　左マウスボタンを押し続けたまま、副ツールパレットから、「円柱」を選択する。

▲図2-2-05

Tips

副ツールパレットは、ツールボタンの右下に、三角形のマークがあるものに用意されており、そのボタンの機能と同じ作業内容や種類のツールボタンが収められている。

また、ツールボタンには、コマンドが2つ割り当てられているものがある。それぞれ左クリックまたは右クリックで選択するが、ツールボタンにカーソルを乗せると、どんなコマンドが割り当てられているか表示される（図2-2-06では、左マウスボタンに「制御点指定曲線」、右マウスボタンに「通過点指定曲線」のコマンドが割り当てられている）。なお、1ボタンマウスやトラックパッドを使用する場合は、ツールボタンの右マウスボタンに割り当てられたコマンドは、option キーを押しながら選択できる。

▲図2-2-06：ツールティップ

2-3 Starting Rhino with Mac
簡単なソリッド（円柱の作成）

コマンドを選択後は、コマンドボックスのプロンプトを見ながら操作を行う。コマンドプロンプトでは、操作に必要な情報が表示される。

①円柱の底面の中心を指定

🔵［ソリッドメニュー:円柱/Cylinder］を選択後、図2-3-01のプロンプトで、円柱底面の中心位置の入力を求められる。ここでは、円柱を任意の位置や大きさで作成するため、直接ビューの中を左クリックして指定していく。まず、底面の中心を指定するため、Topビューの中にマウスカーソルを移動して、任意の位置を左クリックする。

▲図2-3-01

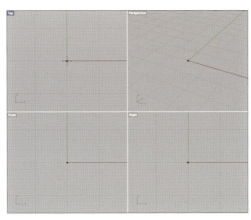
▲図2-3-02

> **Tips**
> コマンドの起動中、マウスカーソルをビューの中に移動すると、そのビューのビューポートタイトル（図2-1-02の⑤）がハイライト表示される。図2-3-02ではTopビューのタイトルがハイライトされている。

②円柱の底面の半径を指定

次に、底面の半径を入力するプロンプトで（図2-3-03）、Topビュー内でマウスカーソルを移動して、半径の大きさを任意の位置で左クリックする。

▲図2-3-03

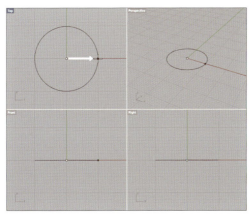
▲図2-3-04

Tips

コマンドボックスの数値(図2-3-03では「半径」)は、前回同じコマンドを使用したときのものが表示される。[enter]キーを押すと、その数値で指定される。

最後に、円柱の高さを指定するプロンプトで(図2-3-05)、マウスカーソルをFrontビューの中へ移動して、任意の高さの位置でクリックする。

▲図2-3-05

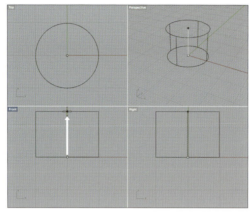
▲図2-3-06

円柱の完成。

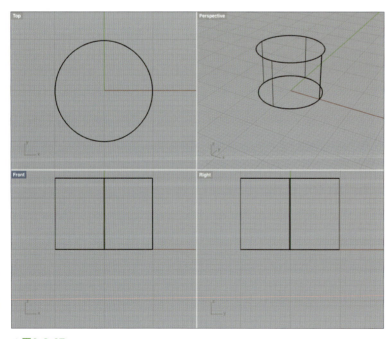
▲図2-3-07

2-4 ビューの操作

正確な3次元モデルを作成するため、モデルを回転してさまざまな方向から見たり、モデルの一部を拡大または縮小して形状を確認することが重要だ。ここでは、それらのビューの操作を説明する。

作成したモデルの形状を確認するには、シェーディング表示、回転やズーム、パンといったビューの操作を行う。

①シェーディング表示

シェーディングは、ビュー内のモデルに色や陰影を与えて表示する。シェーディング表示を実行するには、Perspectiveビューのビューポートタイトルを右クリックして、ビューポートのメニュー（図2-4-01）から「シェーディング」を選択する。

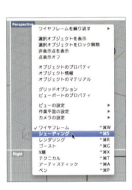

▲図2-4-01

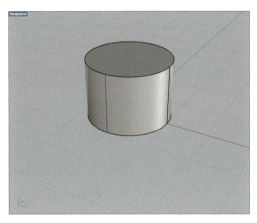

▲図2-4-02:Perspectiveビューのシェーディング表示

> **Tips**
> シェーディング表示は、メニュー（図2-1-02の①）からもコマンドを選択できる（［ビューメニュー：シェーディング］）。メニューから選択する場合、ビューポートタイトルがハイライト表示されたビューに実行されるため、目的のビューのタイトルがハイライトされていない場合は、ビュー内の任意の場所をクリックしておく。
> また、シェーディング表示は、他のビューにも実行可能。シェーディング表示を行うビューのビューポートタイトルを右クリックして、図2-4-01と同様にメニューから「シェーディング」を選択する。

②ビューの回転/ズーム/パン

形状の見えない部分や細部を確認するには、回転やズーム（拡大/縮小）、パン（平行移動）といったビューの操作を行う。ビューの操作は、右マウスボタン、⌘キー、shiftキーを使用する。

Perspectiveビューの操作

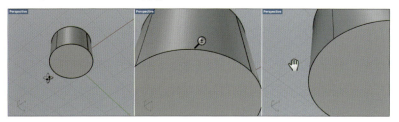

▲図2-4-03

⊕ 回転
Perspectiveビュー内で、右マウスボタンを押しながらドラッグ。

🔍 ズーム
Perspectiveビュー内で、⌘キーを押しながら右マウスボタンでドラッグ。またはマウスのスクロールボタンを回転。

✋ パン
Perspectiveビューで、shiftキーを押しながら右マウスボタンでドラッグ。

③ Top、Front、Rightビューの操作

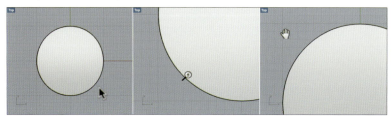

▲図2-4-04

Topビューで、ビューの操作を行う(Frontビュー、Rightビューも同様)。なお、この例ではビューの操作を行う前に、形状確認のため、Topビューにシェーディング表示を実行している。

🔍 ズーム
Topビュー内で、⌘キーを押しながら右マウスボタンでドラッグ。またはマウスのスクロールボタンを回転。

✋ パン
Topビュー内で、右マウスボタンを押しながらドラッグ。

④ ビューポートの1画面表示
ビューポートは、4画面のレイアウトから1画面の表示に切り替えることができる(図2-4-05)。4画面と1画面の切り替えは、ビューのアイコンを左クリックする(図2-4-06)。また、1画面表示に設定後は、4画面に戻すことなく、他のビューに切り替えることが可能だ(図2-4-07)。

●
ビ
ュ
ー
の
操
作

2

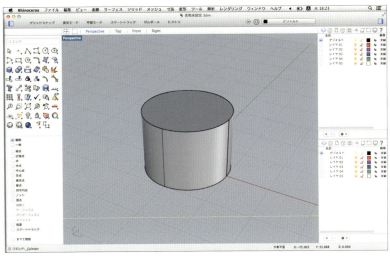

▲図2-4-05:Perspectiveビューの1画面表示

▲図2-4-06:4画面アイコンと1画面アイコン　▲図2-4-07:1画面表示後、ビューを切替えるには目的のビュー名を左クリック

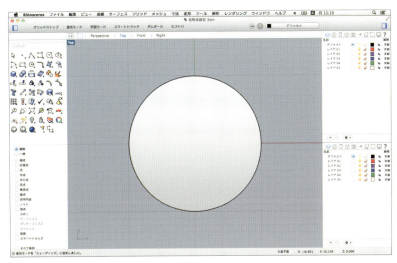

▲図2-4-08:Topビューの1画面表示

> **Tips**
>
> ビューの操作は、トラックパッドでも行うことができる。右マウスボタンの代わりに、2本の指を使う。2本指のジェスチャーで、Perspectiveビューの回転、Top/Front/Rightビューのパンが実行できる。また、ズームは ⌘ キーを押しながら、パンは shift キーを押しながら、2本指を使う。なお、Mac OSの[システム環境設定]-[トラックパッド]-[スクロールとズーム]で、[拡大/縮小 2本指でピンチ]を設定していると、各ビューをピンチのジェスチャーでズームできる。また、1ボタンマウスを使用したビューの操作は以下のとおり。
>
> | | Top/Front/Right | Perspective |
> | --- | --- | --- |
> | 回転 | - | control +ドラッグ |
> | ズーム | ⌘ + control +ドラッグ | |
> | パン | control +ドラッグ | control + shift +ドラッグ |

25

2-5 モデルファイルの保存

Rhinoも他のアプリケーションと同様に、作業したファイルを保存する際、名前を付けて保存または上書き保存を行う。ここでは、名前を付けて保存する方法を説明する。

モデルをファイル保存するには、[ファイルメニュー:保存]を選択する。ここでは、新規モデルファイルから作業を行ったため、保存先のフォルダーやファイル名を指定した後、[保存]を左クリックする(図2-5-02では、「円柱」と名前を付けて、デスクトップに保存)。なお、Rhinoのモデルファイルの拡張子は「3dm」。

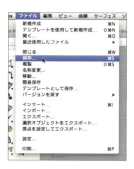
▲図2-5-01

▲図2-5-02

Tips

現在作業中のモデルファイルを上書き保存する場合は[ファイルメニュー:保存]を選択するが、ファイル名を変更して保存する場合は[ファイルメニュー:複製]を選択すると、現在開いているファイルが複製され、操作画面上で、そのファイルの名前が変更できる(図2-5-03)。

▲図2-5-03

第 3 章
モデリングを始める前に②

Starting Rhino with Mac

〔達成目標〕
3Dモデルは、さまざまな図形や形状の要素を使って作成していく。レイヤ機能を使ってそれらを管理することで、効率よくモデリングを進めることができる。
本章では簡単な図形を作成しながら、モデリングに便利な「レイヤ機能」を操作してみよう。また、モデリングを行っていく上で必要な用語についても知っておこう。

- ✓ 操作画面(右サイドバー)の使い方
- ✓ レイヤの操作
- ✓ オブジェクト情報(プロパティ)の見方
- ✓ オブジェクトの種類
- ✓ ヘルプの利用

3-1 Starting Rhino with Mac

サイドバーの機能

前章に続いて、Rhino 5 for Mac（以下Rhino）の操作画面を説明する。ここでは、モデルの管理や情報のほか、モデリングを効率的に進めていく上で便利な機能を紹介する。

まず、レイヤ機能を操作する前に、Rhinoを起動して、レイヤ機能を収めた「サイドバー」を見てみる。

> **Tips**
> Rhino操作画面左の「ツールパレット」（第2章を参照）を収めたサイドバーを「左サイドバー」、右側のものを「右サイドバー」と呼んでいる。

Rhinoを起動して、図3-1-01の画面左下にある［新規モデル］を左クリックする。

▲図3-1-01

すると、図3-1-02の画面が表示される。

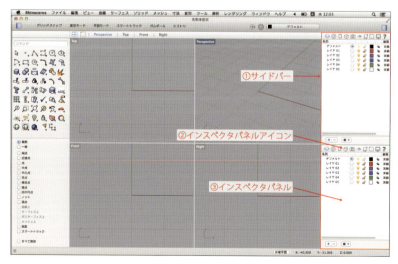

▲図3-1-02

①サイドバー
操作画面の右側にある「サイドバー」には、「インスペクタパネル」が収められている。なお、初期設定では2つのインスペクタパネルが用意されている。

②インスペクタパネルアイコン
インスペクタパネルの表示を切り替えるアイコン。各アイコンの機能は次のとおりである。

アイコン	機能名	機能
	レイヤ	オブジェクトを階層管理。
	オブジェクト	オブジェクトの属性情報を表示。レンダリングのマテリアル設定もここで行う。
	注記	ファイル内にテキスト注記を追加。
	ブロック	ブロックオブジェクトを管理。
	ビュー	ビューを保存・呼び出し。任意に設定したビューも保存できる。
	作業平面	作業平面を保存・呼び出し。任意に設定した作業平面も保存可能。
	ヒストリ	実行したコマンドやプロンプトを表示。
	ビューポート	選択したビューの情報を表示。カメラのレンズ長やターゲット点も設定可能。
	表示	選択したビューの表示設定。背景やオブジェクトの表示を設定できる。
	ヘルプ	選択したコマンドのヘルプを表示。

③インスペクタパネル
レイヤ、モデルや図形の属性情報、表示設定等、各種設定のほか、ヘルプを表示する。それぞれのパネルを切り替えるには、目的の「インスペクタパネルアイコン」を左クリックする。なお、初期設定では、上下いずれも「レイヤ」パネルが表示されている。

「レイヤ」パネル内の名称と機能

▲図3-1-03

④レイヤの名前
⑤カレントレイヤ:作業するレイヤを選択する
⑥ビューでの表示/非表示を切り替える
⑦レイヤをロック:選択できないように設定する
⑧レイヤ内の図形要素の色設定

3-2 レイヤの操作

Rhinoは、モデルファイル内の図形やモデルを階層（レイヤ）に分けて管理できる。レイヤを活用することで、効率的なモデリングが可能だ。

レイヤは、ファイル内の図形やモデルをグループに分けて管理する機能を持つ。モデルを構成部品や図形の要素によってグループ管理し、作業に必要なものだけをビューに表示したり、作業できないように設定することで、モデリングを進めやすくできる。ここでは、正方形と立方体を作成しながら、レイヤの機能を操作する。

1 ……… 正方形の作成とレイヤ操作▶

まず、正方形を作成した後、その正方形を使って、立方体のモデルを生成する。その際、正方形と立方体を分けて管理するため、それぞれのレイヤを用意しておく。

> **Tips**
> レイヤは、モデル作成前また作成後でも用意できる。また、ここでの操作のように、レイヤを2次元の図形と3次元のモデルに分けて管理しておくと、形状確認や修正、モデルの出力等において作業しやすくなる。

①レイヤの名前を変更

レイヤ機能を使用するため、上側のインスペクタパネルアイコンで「レイヤ」アイコンを左クリックして、「レイヤ」パネルに切り替える。

新規ファイルを開くと、あらかじめレイヤが用意されており、ここでは、レイヤの名前を書き替えて使用する。

▲図3-2-01

1 「デフォルト」という名前のレイヤ名を変更するため、「レイヤ」パネル内の［名前］の列で、「デフォルト」と表示されている部分をダブルクリック。

2 「デフォルト」の部分がハイライト表示され、キーボードで入力できるようになる。

3 「正方形」とキーボード入力して enter キーを押す。

▲図3-2-02

②[グリッドスナップ]をクリック

[グリッドスナップ]は、ビュー内のグリッド(マス目)にマウスカーソルを拘束する。グリッドの間隔は、開いたモデルファイルごとに設定されており、現在開いている新規モデルファイル(初期設定では「Small Objects - Millimeters」)は「ミリメートル」の単位で、グリッド間隔は「1mm」である。

▲図3-2-03

> **Tips**
>
> グリッドの設定は変更することができる。設定は、[ファイルメニュー:設定]を選択して、「設定」パネル内の「グリッド」タブを選択する。
> "グリッド線数"と"細グリッド線間隔"の数値により、グリッド空間の大きさが決まる。
> "スナップ間隔"は、初期値では"細グリッド線間隔"と同じ値に設定されているが、"細グリッド線間隔"を1mm、"スナップ間隔"を0.5mmのように設定すると、各グリッドの中心にもスナップすることができる。

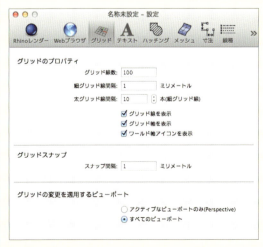

▲図3-2-04

③ 四角形を作成するコマンドを選択

🔲 [曲線メニュー:長方形＞2コーナー指定/Rectangle]を選択。このコマンドは、四角形の対角点を指定して四角形を作成する。コマンドを選択したら、コマンドボックスのプロンプトを確認しよう（図3-2-05）。

▲図3-2-05

④ Topビューで正方形を描くため、マウスカーソルをTopビューの中に移動する

⑤ 正方形の左下の点を指定

ここでは、ビュー内にあるグリッドの赤い線と緑の線が交わった位置（原点）を中心に、一辺20mmの正方形を作成する。

［長方形の1つ目のコーナー］のプロンプトで、図3-2-06左下の点①の位置（原点から、下に10マス、左に10マス分）を左クリックする。

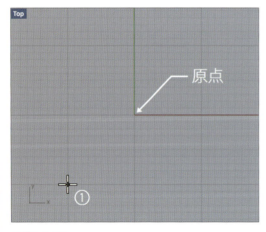

▲図3-2-06

Column

グリッドと作業平面

グリッドは、各ビューに用意されており、カーソルは、「オブジェクトスナップ」や「平面モード」を使用しない限り、このグリッド上を動く。グリッドの平面は「作業平面」と呼ばれ、ビュー内の縦・横・高さの方向がxyz座標で設定されている。なお、赤い線が作業平面のx軸、緑の線が作業平面のy軸で、それらの交点が「原点」。また、Rhinoには、モデルファイル内の中心と方向を示す「ワールド座標系」がある。

⑥**正方形の右上の点を指定して正方形の完成**

［もう一方のコーナーまたは長さ］のプロンプトで、マウスカーソルを図3-2-07の②の位置（正方形の左下の点から、右に20マス、上に20マス分）まで移動して左クリック。

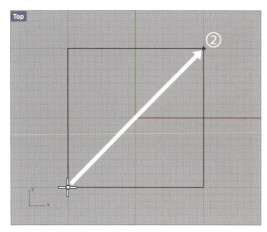
▲図3-2-07

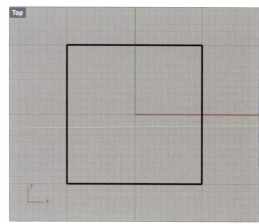
▲図3-2-08

2……立方体の作成とレイヤ操作▶

正方形を垂直に押し出して高さを与え、立方体を作成する。

①**立方体を作成するレイヤを用意**

正方形のレイヤと同様に、既存のレイヤ名を書き替える。その後、新たに作成したレイヤに立方体を作成するため、［カレントレイヤ］（作業するレイヤ）を変更する。

1　「レイヤ01」のレイヤ名の箇所をダブルクリック。
2　「立方体」とキーボード入力して enter キーを押す。
3　［立方体］レイヤを［カレントレイヤ］に変更するため、レイヤ名の右側の丸いアイコンを左クリック。

▲図3-2-09

Tips

レイヤを削除するには、対象のレイヤを左クリックして選択後、パネル内の［－］ボタンを左クリックする（図3-2-10の4）。なお、図3-2-10の6では、［レイヤ03］［レイヤ04］［レイヤ05］も同様に削除している。

▲図3-2-10

②押し出し形状を作成するコマンドを選択

［ソリッドメニュー：平面曲線を押し出し＞直線／ExtrudeCrv］を選択。このコマンドは、選択したカーブを指定した高さに押し出して、3次元の形状を作成する。コマンドを選択したら、コマンドボックスのプロンプトを確認しよう。

▲図3-2-11

③［押し出す曲線を選択］のプロンプトで、Topビューで正方形を左クリックして選択

Tips

選択したモデルや図形は、黄色でハイライトされる（初期設定では黄色で表示されるが変更することも可能である）。

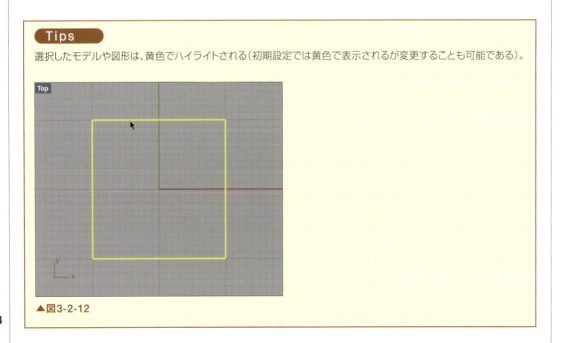

▲図3-2-12

④選択の操作を終了

　［押し出す曲線を選択。操作を完了するにはEnterを押します］のプロンプトで、［終了］ボタンを左クリックして確定する。

⑤立方体の高さを指定

　［押し出し距離］のプロンプトで、マウスカーソルをFrontビュー内に移動して、グリッドの赤い線から上方向に20マス分（細いグリッド線20本）の位置で左クリック（図3-2-14）。

▲図3-2-13

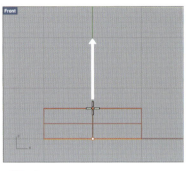
▲図3-2-14

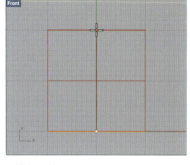
▲図3-2-15

立方体の完成。シェーディング表示を行って（Perspectiveビューポートタイトルを右クリックして、メニューから「シェーディング」を選択）、形状を確認しよう。

▲図3-2-16

3 レイヤ機能の操作▶

①カレントレイヤの変更とレイヤの非表示

ビューからレイヤを非表示するには、目的のレイヤの「電球」アイコンを左クリックする。また、カレントレイヤ（作業レイヤ）は非表示またロックの操作ができないため、ここでは、まずカレントレイヤを［正方形］レイヤに変更しておく。

▲図3-2-17

次に、立方体のモデルを非表示するため、［立方体］レイヤの「電球」アイコンを左クリックする。

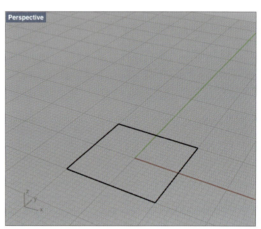

▲図3-2-18：電球アイコン　　　　　　　　　▲図3-2-19：立方体を非表示

②レイヤのロック

あるレイヤで作成されたモデルや図形を選択したり編集できないようにするには、レイヤをロックする。ここでは、操作の例として、立方体のモデルをロックしてみる。

［立方体］レイヤの「電球」アイコンを左クリックして再度表示後、「カギ」のアイコンを左クリックする（図3-2-20）。［立方体］レイヤ内にある立方体が選択できなくなる。

 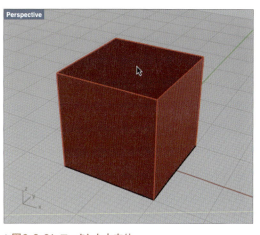

▲図3-2-20:カギアイコン　　▲図3-2-21:ロックした立方体

③レイヤの表示色を変更する

　レイヤにはそれぞれ色が設定されており、そのレイヤ内に作成した図形やモデルを、設定した色で表示する。レイヤに設定された色を変更するには、四角形のアイコンを左クリックする（図3-2-22）。アイコンを左クリックすると、「カラー」パネルが表示され、パレット内で色が選択できる。

▲図3-2-22

 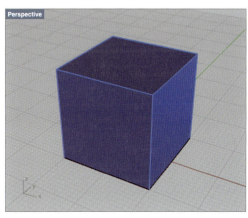

▲図3-2-23:カラーパネル　　▲図3-2-24:レイヤ色の変更後

> **Tips**
> 「カラー」パネルでは、[カラーホイール][カラーつまみ][カラーパレット][イメージパレット][鉛筆]等、さまざまな色設定が用意されている。図3-2-23では、[カラーパレット]－[Apple]パレットから[ブルー]を選択。

3-3 オブジェクトの種類

「オブジェクト」は図形の要素で、さまざまな種類がある。モデリングでは、それらを入力して形状を作成する。ここでは、Rhinoで使用するオブジェクトを説明する。

モデリングでは、点や曲線、サーフェス、ソリッドといった「オブジェクト」を使って、3次元の形状を作成していく。それらの名称は、コマンドを選択した際のプロンプトにも登場するため、用語としても覚えておこう。
ここでは、「3-2 レイヤの操作」で作成した正方形と立方体のモデルを使って、オブジェクトの種類を解説する。

1 ……「閉じた曲線」と「開いた曲線」▶

Rhinoでは、直線、円、円弧、自由曲線等、すべての2次元図形を曲線と呼んでいる（なお、本書では「カーブオブジェクト」とする）。また、曲線には、四角形のように直線の始点と終点が接続されているものを「閉じた曲線」、接続していないものを「開いた曲線」と呼んでいる。それらのオブジェクトの種類は、右サイドバーの「プロパティ」パネルで確認できる。まず、正方形を例に、2次元のオブジェクトの種類を見てみよう。

①正方形のみをビューに表示

「レイヤ」パネルで、[立方体]レイヤの「電球」アイコンを左クリックして、非表示にする。

▲図3-3-1

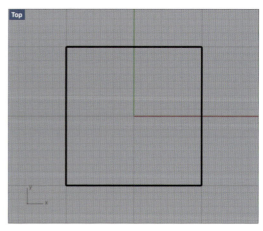
▲図3-3-2

②「オブジェクト」パネルを表示

インスペクタパネルアイコンで、「オブジェクト」アイコンを左クリック。

▲図3-3-3

③正方形のオブジェクトの種類を確認

Topビューで、正方形を左クリックして選択。「オブジェクト」パネルの「基本」−「オブジェクトタイプ」に、「閉じた曲線」と表示される（図3-3-5）。

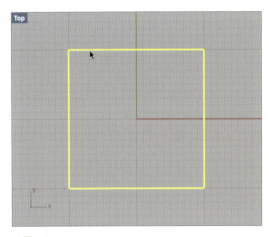

▲図3-3-4

▲図3-3-5

④Topビュー内の任意の位置を左クリック

オブジェクトタイプを確認後、正方形の選択を解除するため、Topビュー内の任意の位置を左クリックする（正方形からハイライト表示が消える）。

> **Tips**
> オブジェクトの選択解除は、escキーを押しても行うことができる。

⑤「開いた曲線」オブジェクト

正方形は4本の直線がそれぞれ端点で接続して、一本の線として表現されている。まず、「開いた曲線」を用意するため、正方形を4本の単一の直線に分解する。接続したオブジェクトを、単一のオブジェクトに分解するには、[編集メニュー:分解/Explode]を選択する。

> **Tips**
> 複数のカーブオブジェクトが端点で接続したオブジェクトで、直線のみで作成されたものを「ポリライン」、曲線を含んだものを「ポリカーブ」と呼んでいる。

⑥図3-3-6のプロンプトを確認後、正方形を左クリックして選択

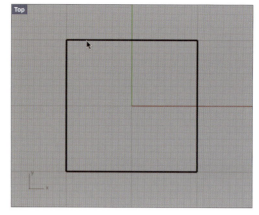

▲図3-3-6　　▲図3-3-7

⑦「分解するオブジェクト」を選択

　[操作を完了するにはEnterを押します]のプロンプトで、[終了]ボタンを左クリックすると、コマンドが実行される。

⑧正方形の一辺を左クリックで選択

　「プロパティ」パネルを確認。「オブジェクトタイプ」に「開いた曲線」と表示される。

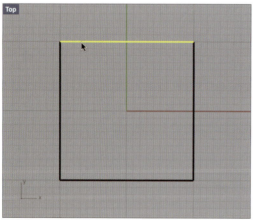
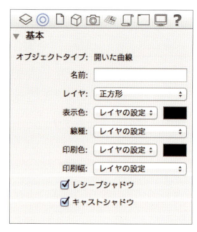

▲図3-3-8　　▲図3-3-9

2 ……「開いたサーフェス」と「ソリッド」▶

次に、立方体を使って、3次元のオブジェクトの種類を見てみよう。

①立方体のみをビューに表示

まず、サイドバーに「レイヤ」パネルを表示するため、インスペクタパネルアイコンの「レイヤ」を左クリック。

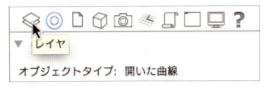

▲図3-3-10

「レイヤ」パネルで、[立方体]レイヤをカレントレイヤに変更した後、[正方形]レイヤを非表示にする。

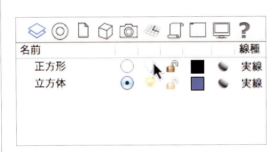

▲図3-3-11

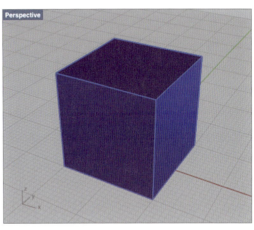

▲図3-3-12

②立方体のオブジェクトの種類を確認

インスペクタパネルを「プロパティ」に再度切り換えた後、立方体を左クリックで選択して「プロパティ」パネルを確認すると、「オブジェクトタイプ」に「閉じた押し出し」と表示される。

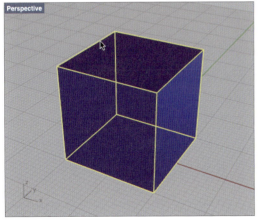

▲図3-3-13

▲図3-3-14

オブジェクトタイプを確認後、立方体の選択を解除するため、Perspectiveビュー内の任意の位置を左クリックする(立方体からハイライト表示が消える)。

> **Tips**
> 「押し出し」オブジェクトは、その名前のとおり、カーブオブジェクトを"押し出して"生成されたもので、この立方体のように、面と面が隙間なく接続したオブジェクトは、「閉じた押し出し」と呼ばれる。

③「開いたサーフェス」オブジェクト

立方体は、6枚の面(サーフェス)で構成されており、それぞれ隣り合ったサーフェス同士を接続して、1つのオブジェクトとして表現している。ここでも、「開いたサーフェス」を用意するため、まず立方体を分解する。

④ [編集メニュー:分解/Explode]を選択

[分解するオブジェクトを選択]のプロンプトで、立方体を選択。次のプロンプト[分解するオブジェクトを選択。操作を…]で、[終了]ボタンを左クリックすると、コマンドが実行される。1つの「押し出し」オブジェクトだった立方体が、立方体を構成する6枚の面(サーフェス)に分解される。

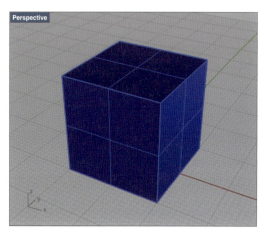

▲図3-3-15

> **Tips**
> [Explode]コマンドを実行した結果は、操作画面の左下に「コマンドヒストリ」として表示される。
>
>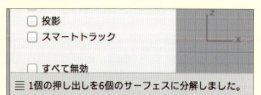
>
> ▲図3-3-16
>
> また、立方体を分解すると、それぞれの面に、十字の線が表示される。これは「アイソカーブ」と呼ばれるもので、「サーフェス」のオブジェクトを表現している。

⑤分解した立方体のプロパティを確認

立方体の上面を左クリックして選択。「プロパティ」パネルの「オブジェクトタイプ」に、「開いたサーフェス」と表示される。

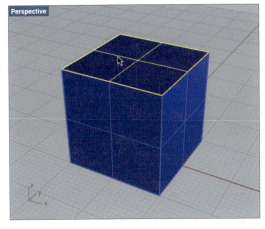
▲図3-3-17

▲図3-3-18

立方体の選択を解除するには、Perspectiveビュー内の任意の位置を左クリックする（サーフェスからハイライト表示が消える）。

> **Tips**
> Rhinoは、この「サーフェス」オブジェクトを使って、3次元の形状を表現している。「サーフェス」は、自由に伸縮できる四角形のゴムのシートのようなもので、図3-3-17のような平面、円筒や球といったシンプルな形状から、彫刻したような形状まで、1枚のサーフェスで表現できる。
> また、分解した立方体も、6枚の平面サーフェスで隙間なく形状を表現しているが、サーフェスが隣り合ったサーフェスとそれぞれ接続していないため、1つの「閉じた」オブジェクトとして表示されない。

3 「ソリッド」オブジェクト ▶

「ソリッド」を用意するため、分解した6枚のサーフェスを再度接続して、1つのオブジェクトにする。隣り合ったサーフェスを接続するには、[編集メニュー:結合/Join]コマンドを選択する。

> **Tips**
> [Join]コマンドは、直線や曲線、円弧等、複数の開いたカーブオブジェクトの端点同士が同じ位置にある場合に、それぞれを接続して一本のカーブオブジェクト（「ポリライン」「ポリカーブ」）にする。
> また、サーフェスでは、隣り合ったサーフェスの縁（以降「エッジ」）の位置と長さが一致した場合に接続する。なお、モデリングで、複数のカーブオブジェクトを使ってサーフェスを生成する場合は、あらかじめ[Join]コマンドを使って、カーブオブジェクトを結合しておく。

①サーフェスを選択

図3-3-19のプロンプトを確認した後、ビューを回転しながら、サーフェスを一枚ずつ左クリックして選択する。サーフェスを6枚選択すると、閉じた形状になるため、自動的に[Join]コマンドが終了して、サーフェスから選択が解除される。

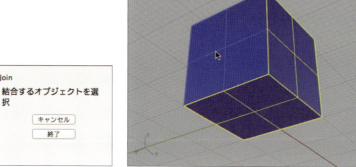

▲図3-3-19　　▲図3-3-20

> **Tips**
>
> サーフェスを選択すると、「オブジェクト選択」画面が表示されることがある。これは、選択した位置に、複数のオブジェクトがある場合に表示される。
>
> この画面が表示された場合は、画面内の一覧から、目的のオブジェクトの名前を左クリックして選択する。また、目的のオブジェクトがわからない場合は、オブジェクトの名前にマウスカーソルを載せると、そのオブジェクトがピンクでハイライト表示される。
>
>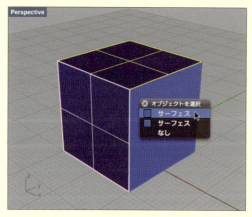
>
> ▲図3-3-21

> **Tips**
>
> [Join]コマンドの実行結果は、[Explode]コマンドと同様、操作画面の左下に「コマンドヒストリ」として表示される。
>
>
>
> ▲図3-3-22

②結合した立方体を左クリックで選択して、オブジェクトの種類を確認

再度結合した立方体は、「プロパティ」パネルで、「閉じたポリサーフェス」と表示される。「ポリサーフェス」は、複数の「サーフェス」を結合したオブジェクトで、隙間のない「ポリサーフェス」のため、「閉じたポリサーフェス」と表示される。また、Rhinoでは、この「閉じたポリサーフェス」を「ソリッド」と呼んでいる。

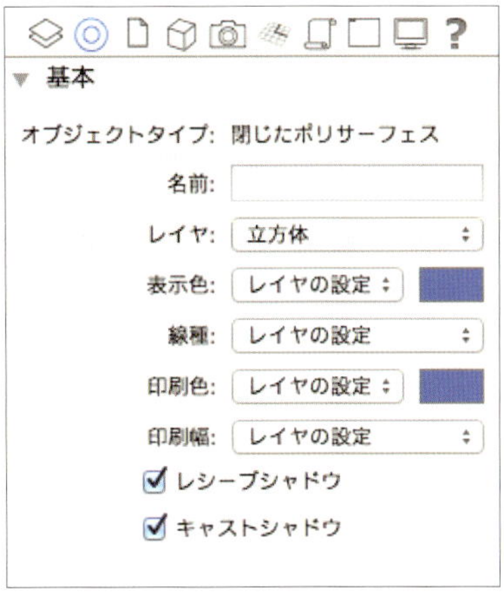

▲図3-3-23

Column

Rhinoの「ソリッド」

Rhino上で定義する「ソリッド」オブジェクトは、一般的なソリッドCADやモデリングツールの「ソリッド」要素と異なり、中身の詰まったモデル形状ではない。

実際に、結合した立方体を再度分解（[Explode]コマンド）して、サーフェスの一枚を削除すると（サーフェスを選択して delete キーを押す）、立方体の中味が詰まっていないことがわかる。これを、「開いたポリサーフェス」と呼んでいる。

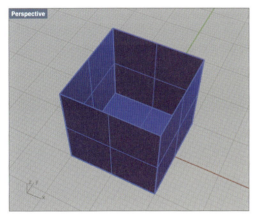

▲図3-3-24

最後に、Rhinoで使用している他のオブジェクトの種類を紹介する。

4 ……「点」と「ポリゴンメッシュ」▶

「点」オブジェクトは、3次元空間内で表現できる点の要素だ。空間内のどこにでも配置でき、他のオブジェクトの作成や配置を行う場合の目安として使用されることが多い。

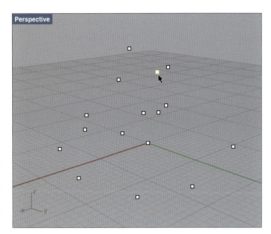 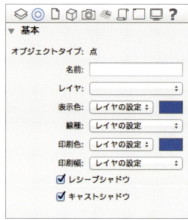

▲図3-3-25　　　　　　　　　　　　　　▲図3-3-26

「ポリゴンメッシュ」オブジェクトは、三角形や四角形といった、多角形の面を組み合わせて表現したオブジェクト。レンダリングやアニメーション等のCG、3Dプリンターによるプロトタイピング、解析等で使用される。Rhinoは、サーフェスのモデルからポリゴンメッシュモデルの生成、STLやOBJ形式等のポリゴンメッシュデータの入出力が可能なほか、ポリゴンモデルの編集や修復する機能を用意している。なお、図3-3-27では、「ポリゴンメッシュ」（オレンジ）はサーフェスモデル（青）から生成している。

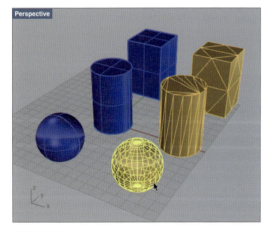 

▲図3-3-27　　　　　　　　　　　　　　▲図3-3-28

3-4 ヘルプの利用

Rhinoは、500以上のコマンドを搭載しており、その機能や操作方法、また設定に関する情報は「ヘルプ」で説明している。

Rhinoの機能や操作方法がわからない場合は、オンラインヘルプを利用しよう。ヘルプを開くには、[ヘルプメニュー:Rhinocerosのヘルプ]を左クリックする。ヘルプには、機能の説明やコマンドの場所のほか、操作方法や動作をムービーで紹介している。

▲図3-4-1　　　　　　　　　　　▲図3-4-2:[Box]コマンドのヘルプページ

また、ヘルプは、サイドバーに表示しておくと、選択したコマンドのページが開かれる。サイドバーにヘルプを表示するには、インペクタパネルアイコン一番右の「?」アイコンを左クリックする。

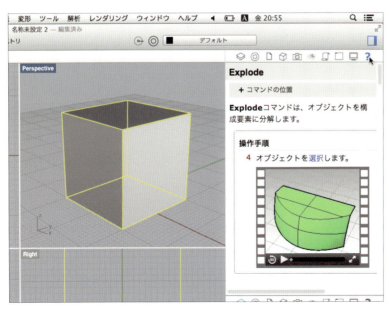

▲図3-4-3:[Explode]コマンドのヘルプページ

なお、［ヘルプメニュー］には、ヘルプのほか、Rhinoユーザーが情報や意見を交換する［フォーラム］や［よくある質問］、チュートリアル（［Rhinocerosを学ぶ］）といった、Rhino開発元Webサイトにアクセスできる。また、［Rhinocerosを学ぶ＞Rhinoceros入門］では、ユーザーガイドを参照することができ、そこで使用するモデルは、［チュートリアルモデルを開く］からダウンロード可能だ。

▲図3-4-4

第4章
3Dモデルを作ってみよう
Starting Rhino with Mac

〔達成目標〕
プリミティブを使って、おもちゃの機関車を作成しよう。本章では、以下の操作を習得する。

- ✓ グリッドの設定
- ✓ プリミティブ形状（円柱、直方体、円錐台、球）の作成
- ✓ グリッドスナップによる位置指定
- ✓ ガムボール機能を使った、オブジェクトの移動とコピー
- ✓ Undoコマンド（やり直す）の紹介
- ✓ オブジェクトの一括選択
- ✓ ブール演算による「ソリッド」オブジェクトの生成

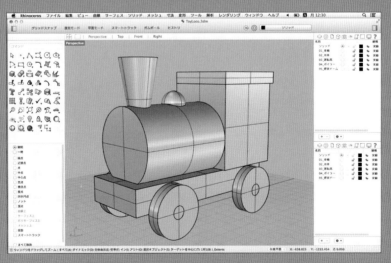

参照モデル：ToyLoco.3dm＞[ソリッド]レイヤ

4-1 Starting Rhino with Mac

モデリングの準備

Rhinoは、直方体や円柱、三角錐等、ソリッドの基本形状（プリミティブ）が用意されている。この章では、プリミティブを使って、おもちゃの機関車を作成する。

本章のモデリングでは、モデルの大きさの目安に、ビュー内のグリッドを利用する。また、グリッドの線の数や間隔は、変更することができる。モデリングを始める前に、まずモデルの大きさに合わせて、グリッドを変更する。なお、モデルの大きさは、長さ155mm、高さ130mm、幅80mm。

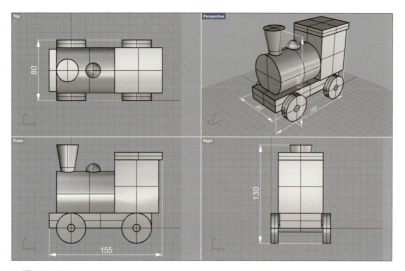

▲図tl01_01

①テンプレートファイルを開く

Rhinoを起動して、[新規モデル]を左クリック。

▲図tl01_02

> **Tips**
> 初期設定では、[新規モデル]をクリックすると、[Small Objects - Millimeters]のテンプレートファイルが開かれる。

②グリッドの設定を変更

グリッドの設定は、[ファイルメニュー：設定/DocumentProperties]を選択して、「グリッド」アイコンを左クリックする。

> **Tips**
> グリッドの設定画面にある「グリッド線数」は、作業平面の原点（赤と緑のグリッド線の交点）からグリッドの端までの線の本数で、その間隔を「細グリッド線間隔」で設定する。また、「太グリッド線間隔」は「細グリッド線」の本数で設定する。

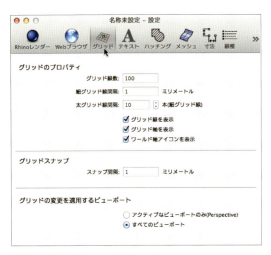

▲図tl01_03

このモデルでは、グリッドの範囲を、モデルの大きさに合わせるため、[グリッド線数]に「150」とキーボード入力する。設定画面を閉じるには、画面左上の[X]ボタンを左クリックする。

▲図tl01_04

4-2 車輪の作成

円柱のプリミティブを使って車輪を作成する。また、「ガムボール」を使った、オブジェクトの移動や回転、スケールといった変形機能を説明する。

車輪は、円柱を使って作成する。また、前輪・後輪とも同じモデルを使用するため、どちらか一方を作成してコピーする。また、左右の車輪も同じ形状のため、片側だけ作成して反対側へコピーする。

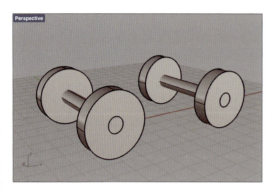

▲図tl02-01

参照モデル ● ToyLoco.3dm＞[車輪]レイヤ

①左前輪を作成

グリッドにマウスカーソルを拘束して、車輪の位置と大きさを指定するため、操作画面左上の[グリッドスナップ]を左クリックして有効にする。

▲図tl02-02

🖱[ソリッドメニュー:円柱/Cylinder]を選択。コマンドを選択したら、コマンドボックスのプロンプトを確認しよう（図tl02-03）。Cylinderコマンドは、円柱底面の中心位置、半径、高さの順に指定する（車輪の大きさは、半径20mm、幅10mm）。

▲図tl02-03

［円柱の底面］のプロンプトで、Frontビュー内にマウスカーソルを移動して、作業平面の原点にマウスカーソルをスナップさせて左クリック。

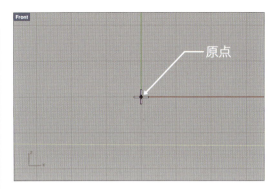

▲図tl02-04

［半径］のプロンプトで、マウスカーソルを、右に20マス（太グリッド線2本分）移動した位置（図tl02-05②）で左クリック。

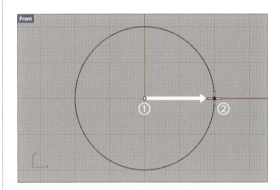

▲図tl02-05

［円柱の高さ］のプロンプトで、マウスカーソルをTopビューの中へ移動して、上に10マス（太グリッド線1本分。図tl02-07②）の位置で左クリック。

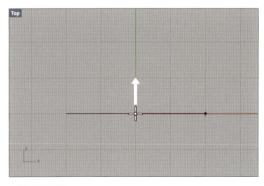

▲図tl02-06

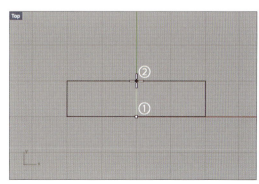

▲図tl02-07

4

左前輪の完成。Perspectiveビューにシェーディング表示（Perspectiveビューのビューポートタイトルを右クリックして、「シェーディング」を選択）して、形状を確認しよう。

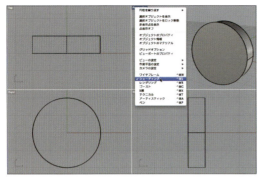

▲図tl02-08

> **Tips**
> 実行した操作を元に戻すには、[編集メニュー：取り消す/Undo]を選択する。ショートカットキーでは、⌘＋Ｚキーを押す。また、元に戻した操作を再度実行するには、[編集メニュー：やり直す/Redo]（ショートカットキーは、⌘＋shift＋Ｚキー）を選択する。

②右前輪を作成

右側の車輪は、先に作成した車輪をコピーして作成する。ここでは、[ガムボール]というオブジェクトの変形機能を使って、左側の車輪を反対側の位置に移動してコピーする。ガムボールを使用するには、操作画面上部の[ガムボール]を左クリック。ガムボール機能が有効になると、[ガムボール]の文字と背景の色が反転する。

▲図tl02-09

> **Tips**
> ガムボール機能を無効にするには、操作画面上部の[ガムボール]を再度左クリックする。

Column

ガムボールの使用方法

[ガムボール]は、選択したオブジェクトに対して、移動や回転、スケール（拡大/縮小）といった変形操作を、直接ビュー内で行うことができる機能だ。[ガムボール]を有効にして、オブジェクトを選択すると、専用のウィジェットが表示される。ウィジェットには、「矢印」や「円弧」、「点」（小さな正方形）のマーカーがあり、左マウスボタンでマーカーをドラッグすると、ガムボールの原点を中心に、オブジェクトがそれぞれ移動、回転、拡大/縮小する。なお、マーカーの色は、それぞれ変形する方向（赤＝X、緑＝Y、青＝Z）を示しており、その色や方向は、オブジェクト作成時に指定した位置や選択時のビューによって変わる。

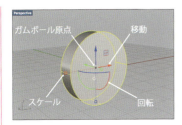

▲図tl02-10

ガムボール移動

移動する方向の「矢印」を、左マウスボタンを押しながら目的の位置までドラッグする。

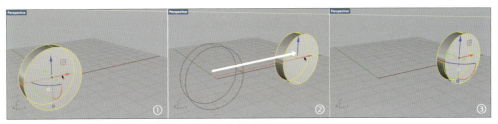

▲図tl02-11:赤の「矢印」マーカーをドラッグして、X方向へ移動

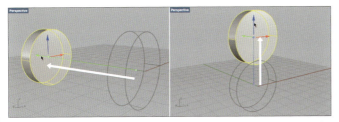

▲図tl02-12:緑と青の「矢印」マーカーは、それぞれY方向、Z方向へ移動する

ガムボール回転

「円弧」のマーカーを左マウスボタンでドラッグすると、オブジェクトが回転する。

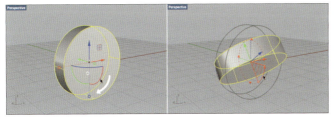

▲図tl02-13:赤の「円弧」マーカーをドラッグして、X軸のまわりを回転

ガムボールスケール

「点」のマーカーをドラッグすると、その方向にオブジェクトを拡大・縮小する。

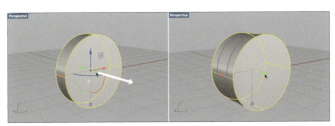

▲図tl02-14:緑の「点」マーカーをドラッグして、Y方向に拡大

③複製配置による右前輪作成

Topビューで左前輪を左クリックして選択。ガムボールウィジェットが表示される（図tl02-15の点線は右前輪の位置）。

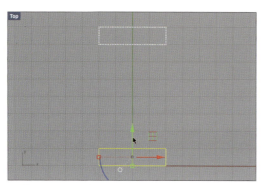
▲図tl02-15

緑の「矢印」マーカーを、左マウスボタンを押しながら上方向にドラッグ開始。ドラッグを始めると、コマンドボックスに［ガムボールをドラッグ。複製を作成するにはAltキーを押します。…］のプロンプト（図tl02-16）が表示される。

▲図tl02-16

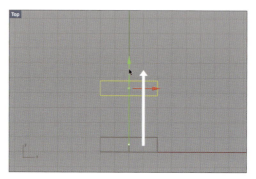
▲図tl02-17

左車輪のコピーを作成するには、ドラッグを始めてから、[option]キーを押す。コピーが機能すると、マウスカーソルに（＋）のアイコンが表示される（図tl02-18）。ここでは、作業平面X軸（赤いグリッド線）から70マス（太グリッド線7本分）の位置までドラッグして、左マウスボタンを離す。左マウスボタンを離した位置でコピーが作成される（図tl02-19）。右車輪を配置した後、選択を解除するため、Topビュー内の任意の位置を左クリックする。

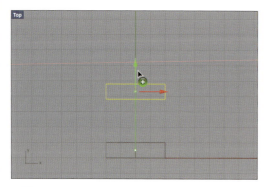
▲図tl02-18

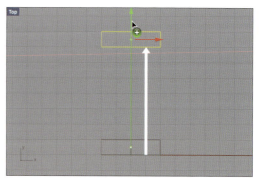
▲図tl02-19

右車輪の完成。Perspectiveビューで形状を確認しよう。

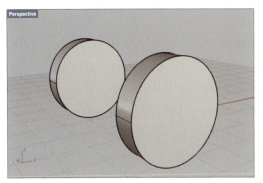

▲図tl02-20

④**車軸の作成**

車軸も、車輪と同様に、円柱を使って作成する（車軸の半径は5mm、長さ80mm）。[ソリッドメニュー:円柱/Cylinder]を選択。[円柱の底面]のプロンプトで、Frontビュー内にマウスカーソルを移動した後、円柱底面の中心として、Frontビューの原点の位置を左クリック。

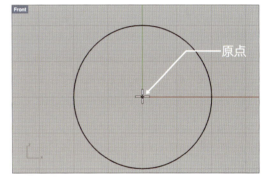

▲図tl02-21

[半径]のプロンプトで、マウスカーソルを右に5マス（細グリッド線5本分）移動した位置で左クリック。

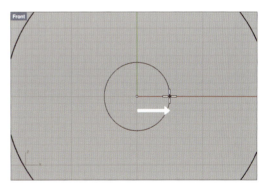

▲図tl02-22

[円柱の高さ]のプロンプトで、マウスカーソルをTopビューの中へ移動。上方向に80マス（太グリッド線8本分。図tl02-23②）の位置で左クリック。

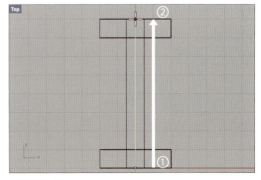

▲図tl02-23

車軸の完成。Perspectiveビューで形状を確認しよう。

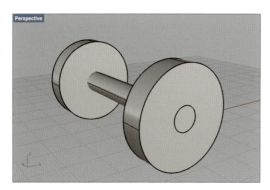

▲図tl02-24

⑤**複製配置による後輪を作成**

後輪は、右前輪と同様にガムボールを使って、前輪のモデルを移動コピーして作成する(前輪と後輪の間隔は、90mm)。また、車輪と車軸をまとめて移動コピーするため、前輪のモデルを一括で選択する。

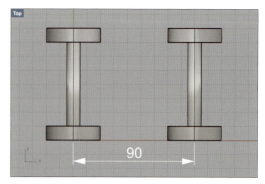

▲図tl02-25

前輪のモデルを一括で選択。Topビューで操作を行うため、Topビュー内へマウスカーソルを移動。また、ガムボール機能を有効に設定(図tl02-09参照)にしておく。

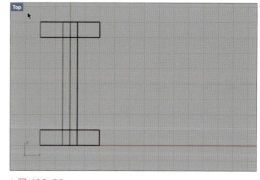

▲図tl02-26

車輪モデルの左上あたりから、左マウスボタンを押しながら、モデル全体を囲むまで、右下へドラッグ。ドラッグを始めると、矩形のガイドラインが表示される。

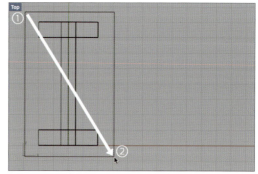

▲図tl02-27

モデル全体を囲んだ位置で、左マウスボタンを離すと、前輪モデルがすべて選択される。

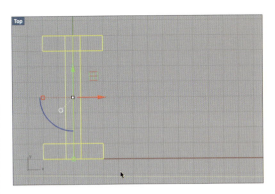

▲図tl02-28

Column

矩形によるオブジェクトの選択方法

矩形を使ったオブジェクトの一括選択は、矩形を作る方向によって選択方法が変わる。図tl02-27のように、左から右へドラッグした場合は、矩形内のオブジェクトがすべて選択される。一方、左マウスボタンを押しながら、右から左へドラッグした場合は、その矩形に交差したオブジェクトがすべて選択される。なお、左からドラッグした矩形選択のガイドラインは実線で表示され、右からドラッグした場合は、破線で表示される。

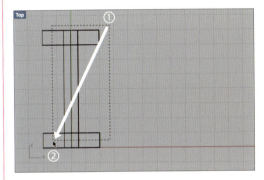

▲図tl02-29

ガムボールの赤い「矢印」マーカーを左マウスボタンで押しながら、右にドラッグ開始。

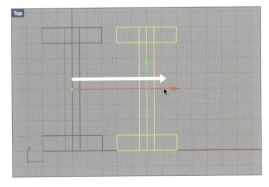

▲図tl02-30

車輪をコピーするため、ドラッグを始めてから、[option]キーを押す。マウスカーソルが（+）のアイコンに変わる。前輪の位置から、右に90マス（太グリッド線9本分）の位置までドラッグ。左マウスボタンを離す

と、その位置にコピーが作成される。選択を解除するには、Topビュー内の任意の位置を左クリック。

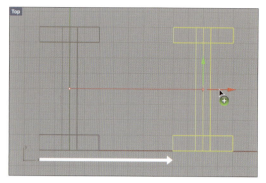

▲図tl02-31

後輪の完成。Perspectiveビューで形状を確認しよう。

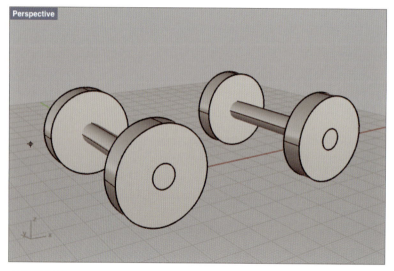

▲図tl02-32

4-3 台車の作成

直方体のプリミティブで台車を作成する。台車の大きさは、前節の車輪と同様に、グリッドスナップを使って指定する。

台車は、直方体を使って作成する。

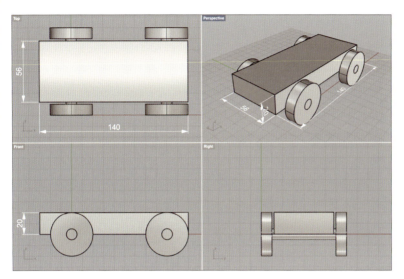

▲図tl03-01

参照モデル ● ToyLoco.3dm＞[台車]レイヤ

① [ソリッドメニュー：直方体＞2コーナー、高さ指定/Box]を選択

　[Box]コマンドは、直方体の底面の対角点、高さの順に指定して、直方体を作成する。コマンドを選択したら、コマンドボックスのプロンプトを確認しよう（図tl03-02）。

▲図tl03-02

底面を指定するため、マウスカーソルをTopビューの中へ移動。最初の対角点を正確に指定するため、図tl03-03①のあたりをズームしておく（図tl03-03の点線は台車の位置）。

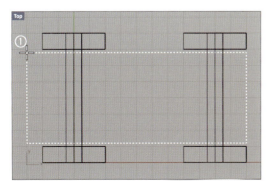

▲図tl03-03

［底面の1つ目のコーナー］のプロンプトで、右前輪の左下の角（図tl03-04の白いマル）から、左に10マス（太グリッド線1本分）、下に2マス（細グリッド線2本分）の位置を左クリック。

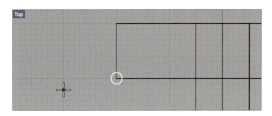

▲図tl03-04

［底面のもう一方のコーナーまたは長さ］のプロンプトで、Topビューの右下に向けて、マウスカーソルを移動。図tl03-05②の位置を正確に指定するため、Topビューの右下あたりをズーム。

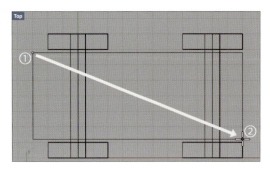

▲図tl03-05

左後輪の右上の角（図tl03-06の白いマル）から、上に2マス（細いグリッド線2本分）の位置を左クリック。

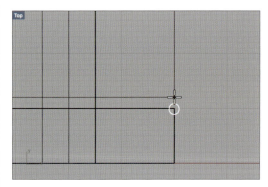

▲図tl03-06

［高さ。幅と同じ場合はEnterを押します］のプロンプトで、マウスカーソルをFrontビュー内へ移動。車輪と同じ高さの位置、（上に20マス、太グリッド線2本分）で左クリック。高さを指定すると、直方体が作成される。

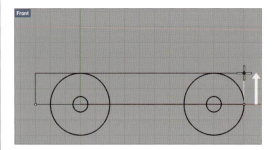

▲図tl03-07

台車の完成。Perspectiveビューで形状を確認しよう。

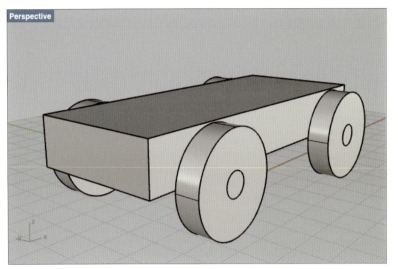

▲図tl03-08

4-4 運転席と屋根の作成

直方体のプリミティブを使って、運転席と屋根を作成する。ここでも、それぞれ所定の位置に配置するため、ガムボールを利用する。

運転席と屋根は、直方体を使って、それぞれ作成する。直方体を作成後、ガムボール機能を用いて、それぞれ所定の位置に移動して配置する。

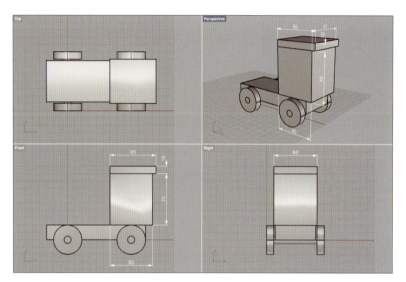

▲図tl04-01

参照モデル●ToyLoco.3dm＞[運転席]レイヤ

① 運転席部分を作成するため、[ソリッドメニュー:直方体＞2コーナー、高さ指定/Box]を選択する。マウスカーソルをTopビューの中へ移動。正確に最初の対角点を指定するため、図tl04-02の①のあたりをズーム（図tl04-02の点線は運転席の位置）。

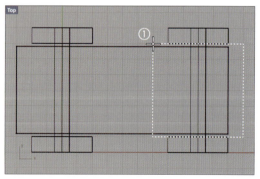

▲図tl04-02

[底面の1つ目のコーナー]のプロンプトで、右後輪の左下の角（図tl04-03の白いマル）から、左に10マス（太グリッド線1本分）の位置を左クリック。

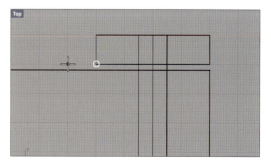

▲図tl04-03

［底面のもう一方のコーナーまたは長さ］のプロンプトで、図tl04-04②の位置（図tl04-04の白いマルから、右に太グリッド線1本分）まで、マウスカーソルを移動して左クリック。

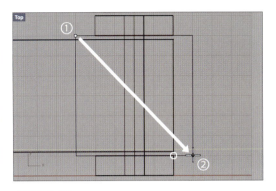

▲図tl04-04

［高さ。幅と同じ場合はEnterを押します］のプロンプトで、マウスカーソルをFrontビュー内へ移動。マウスカーソルを、上に70マス（太グリッド線7本分）移動して左クリック。

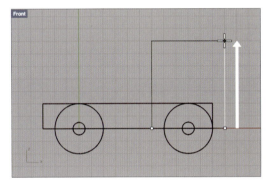

▲図tl04-05

直方体の完成。

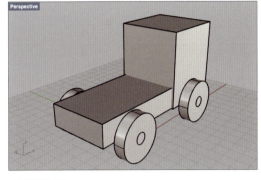

▲図tl04-06

> **Tips**
> マウスカーソルは、作業平面のグリッド上を動くため（「オブジェクトスナップ」や「平面モード」を使用する場合を除く）、直方体はグリッド上に作成される。

②ガムボール機能を有効に設定後（図tl02-09参照）、Frontビューで、直方体を左クリックして選択。直方体に、ガムボールウィジェットが表示される。

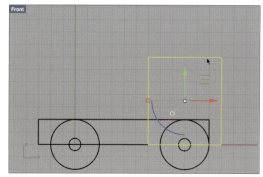
▲図tl04-07

ガムボールの緑の「矢印」マーカーを左マウスボタンでドラッグしながら、直方体が台車に載るまで移動する。選択を解除するには、Frontビュー内の任意の位置を左クリック。

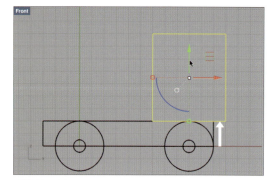
▲図tl04-08

③屋根を作成するため、[ソリッドメニュー:直方体＞2コーナー、高さ指定/Box]を選択。Topビュー内にマウスカーソルを移動。[底面の1つ目のコーナー]のプロンプトで、運転席の直方体と同じ位置（図tl04-09の①。白いマルから左に10マス）を左クリック（図tl04-09の点線は屋根の位置）。

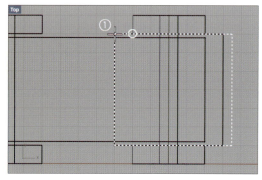
▲図tl04-09

[底面のもう一方のコーナーまたは長さ]のプロンプトで、図tl04-10②の位置（図tl04-10の白いマルから右に5マス）まで、マウスカーソルを移動して左クリック。

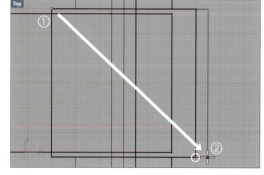
▲図tl04-10

[高さ。幅と同じ場合はEnterを押します]のプロンプトで、マウスカーソルをFrontビュー内へ移動。マウスカーソルを、上に10マス（太グリッド線1本分）移動して左クリック（図tl04-11）。
直方体の完成（図tl04-12）。

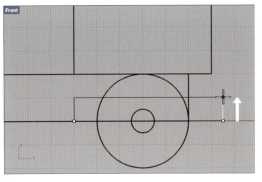
▲図tl04-11

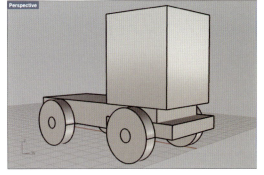
▲図tl04-12

④ガムボールを使って、屋根の直方体を移動する。Frontビューで、直方体を左クリックして選択（図tl04-13）。

ガムボールの緑の「矢印」マーカーを左マウスボタンでドラッグして、屋根の直方体を運転席の上面に移動（図tl04-14）。選択の解除は、Frontビューの任意の位置を左クリックする。

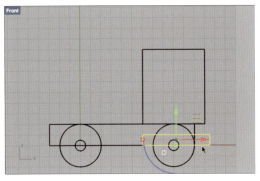
▲図tl04-13

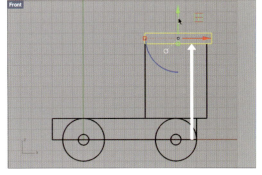
▲図tl04-14

運転席と屋根の完成。Perspectiveビューで形状を確認しよう。

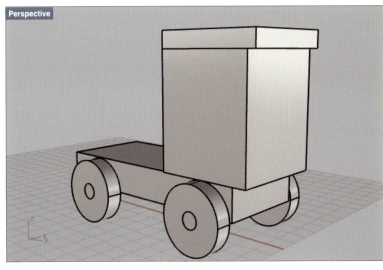
▲図tl04-15

4-5 ボイラーの作成

円柱のプリミティブを用いて、ボイラーを作成する。円柱を作成した後、位置の調整にガムボールを使用する。

ボイラーは、円柱を使って作成する。円柱を作成した後、運転席と同様に、ガムボールを使って所定の位置に配置する。

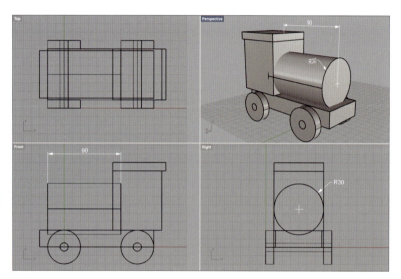

▲図tl05-01

参照モデル ● ToyLoco.3dm＞[ボイラー]レイヤ

① [ソリッドメニュー:円柱/Cylinder]を選択。コマンドを起動したら、コマンドボックスのプロンプトを確認しよう。円柱の底面の中心と半径の位置は、Rightビューで指定する。[円柱の底面]のプロンプトで、台車の上面中央（図tl05-02の白いマル）から、上に30マス（太グリッド線3本分）の位置（図tl05-02①）を左クリック。[半径]のプロンプトで、運転席の直方体と同じ幅の位置（図tl05-02②）で左クリックして指定する。

[円柱の高さ]のプロンプトで、マウスカーソルをFrontビュー内へ移動。右に90マス（太グリッド線9本分）の位置で左クリック（図tl05-03）。

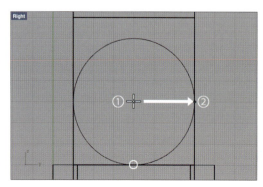

▲図tl05-02

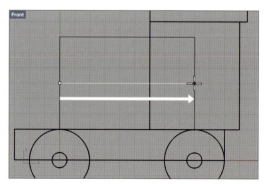

▲図tl05-03

円柱の完成。ガムボールを使って、円柱を所定の位置に移動する。

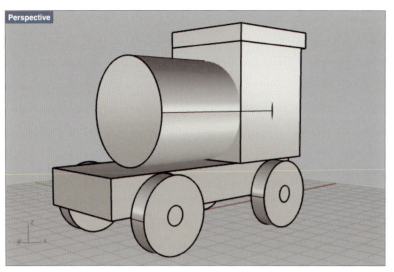

▲図tl05-04

②Frontビューで、円柱を左クリックして選択。横の位置を調整するため、ガムボールの赤い「矢印」マーカーを、左マウスボタンで左へドラッグ。元の位置から20マス（太グリッド線2本分）移動する。

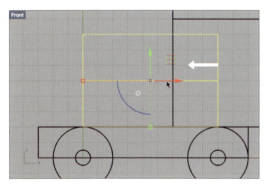

▲図tl05-05

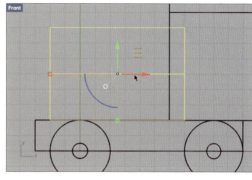

▲図tl05-06

次に、高さを調整するため、Rightビューで、ガムボールの緑の「矢印」マーカーを、下に5マス（細グリッド線5本分）ドラッグして、円柱を移動。

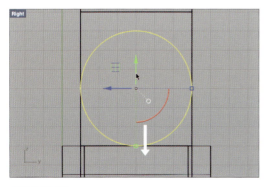

▲図tl05-07

▲図tl05-08

4 ボイラーの完成。Perspectiveビューで形状を確認しよう。

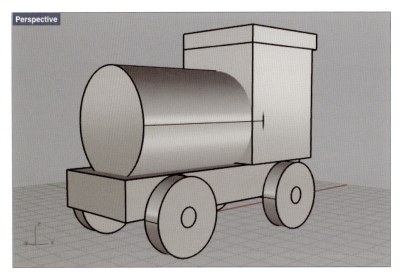

▲図tl05-09

4-6 煙突とドームの作成

円錐台と球のプリミティブを使って、煙突とドームをそれぞれ作成する。ここでも、所定の位置への配置にはガムボールを活用する。

ボイラーの上部に、煙突とドームを作成する。煙突は「円錐台」を、ドームは「球」を使用するが、いずれも作業平面のグリッド上で作成した後、所定の位置に配置する。

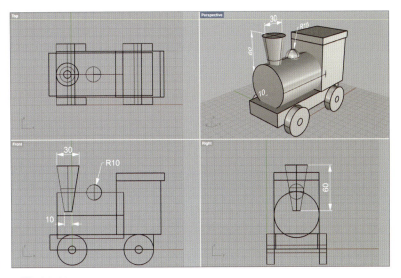

▲図tl06-01

参照モデル●ToyLoco.3dm＞[煙突ドーム]レイヤ

①煙突を作成

[ソリッドメニュー:円錐台/TCone]を選択。[TCone]コマンドは、円錐台の底面の中心と半径、円錐台の高さ、上面の半径の順に指定して、円錐台を作成する。コマンドを選択したら、コマンドボックスのプロンプトを確認しよう(図tl06-02)。ここでは、円錐台の底面をTopビューで指定し、高さと上面はFrontビューで指定する。

[円錐台の底面]のプロンプトで、円錐台底面の中心の位置を指定するため、Topビューの任意の位置(図tl06-03では、機関車の中心線上で指定)で左クリック(図tl06-03)。

▲図tl06-02　　▲図tl06-03

[底面の半径]のプロンプトで、右に5マス（細グリッド線5本分。図tl06-04②）の位置で左クリック。

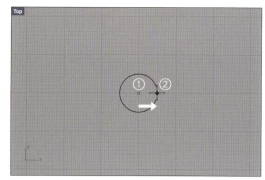
▲図tl06-04

[円錐台の高さ]のプロンプトで、マウスカーソルをFrontビュー内に移動して、上に60マス（太グリッド線6本分。図tl06-05②）の位置を左クリック。

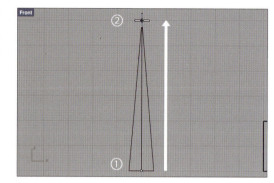
▲図tl06-05

[上面での半径]のプロンプトで、右に15マス（図tl06-06②）の位置を左クリックする。

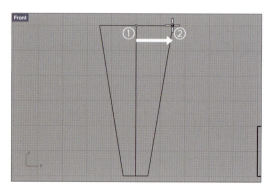
▲図tl06-06

円錐台の完成。所定の位置への移動は、ガムボールを使用する。

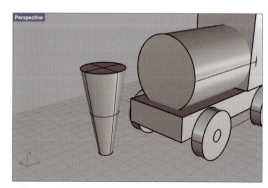
▲図tl06-07

②Frontビューで、円錐台を左クリックして選択。横の位置を合わせるため、ガムボールの赤い「矢印」マーカーを、左マウスボタンで左へドラッグ（図tl6-09では、煙突上面の端とボイラーの端が一致するように配置）。

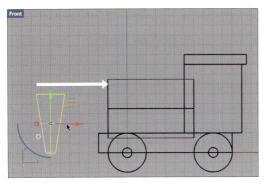

▲図tl6-08

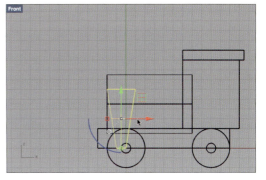

▲図tl06-09

次に、高さ方向を調整するため、ガムボールの緑の「矢印」マーカーをドラッグ（図tl06-10は、円錐台上面が、運転席の屋根より10マス、太グリッド線1本分高い位置に移動）。

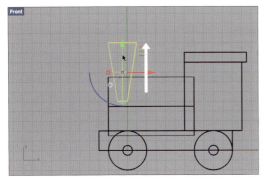

▲図tl06-10

煙突の完成。

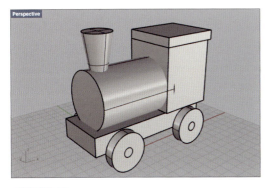

▲図tl06-11

③ドームを作成

［ソリッドメニュー：球＞中心、半径指定/Sphere］を選択。［Sphere］コマンドは、球の中心、半径の順に指定する。コマンドを選択したら、コマンドボックスのプロンプトを確認しよう（図tl06-12）。ドームに使用する球の中心と半径は、Topビューで指定する。

▲図tl06-12

［球の中心］のプロンプトで、Topビューの任意の位置（図tl06-13では、機関車の中心線上で指定）で左クリック。［半径］のプロンプトで、右に10マス（太グリッド線1本分。図tl06-14②）の位置で左クリック。半径が指定されると、球が作成される。

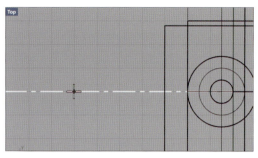

▲図tl06-13　　　　　　　　　　　　　　▲図tl06-14

球の完成（図tl06-15）。

④Frontビューで、球を左クリックして選択。横の位置を調整するため、ガムボールの赤い「矢印」マーカーを、左マウスボタンで左へドラッグ（図tl06-17では、前輪右側と球の端が一致するまで移動）。

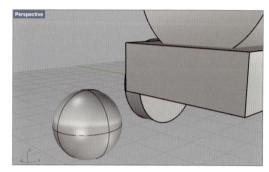

▲図tl06-15

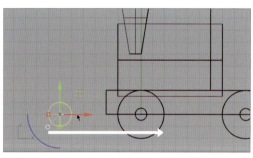

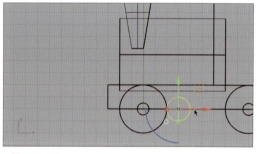

▲図tl06-16　　　　　　　　　　　　　　▲図tl06-17

次に、高さの位置を合わせるため、ガムボールの緑の「矢印」マーカーをドラッグ（図tl06-18では、球の半分がボイラー上面に載るように配置）。ドームの完成（図tl06-19）。

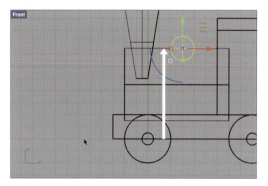

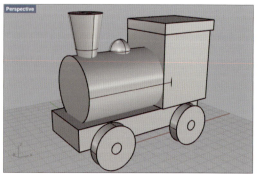

▲図tl06-18　　　　　　　　　　　　　　▲図tl06-19

4-7 モデルを一体化して保存

作成したプリミティブをすべて一体化して、1つの「ソリッド」形状にする。ここでは、「ブール演算」機能を使用する。

ここまで作成したモデルは、プリミティブをそれぞれ配置したのみのため、形状同士が重なっていたり、交差している。3Dプリンターをはじめ、他のCADやCGツールに、Rhinoで作成したモデルを入力するには、モデルを一体化、つまり「ソリッド」（閉じたポリサーフェス）にすることが必要だ。

モデルを一体化する方法の1つは、「ブール演算」機能を利用する。ブール演算は、モデル同士を足したり（和）、引いたり（差）、掛ける（積）ことによって、形状の編集を行う。このモデルでは、ブール演算の「和」を使って、すべてのプリミティブを足し、1つの「ソリッド」モデルを生成する。

①モデルを一体化

[ソリッドメニュー：和/BooleanUnion]を選択。コマンドを選択したら、コマンドボックスのプロンプトを確認しよう（図tl07-01）。また、BooleanUnionコマンドは、対象のサーフェスまたはポリサーフェスを選択するが、矩形による一括選択も可能だ。ここでは、Frontビューでモデルを一括選択して実行する。

▲図tl07-01

[和の演算を行うサーフェスまたはポリサーフェスを選択]のプロンプトで、Frontビューの左上から、左マウスボタンを押しながら、モデルをすべて囲むまでドラッグして、すべてのモデルを選択する。

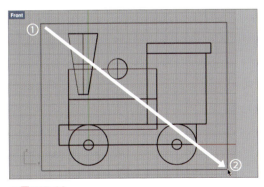

▲図tl07-02

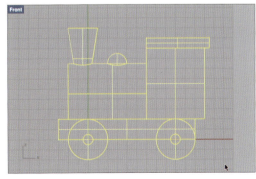

▲図tl07-03

[和の演算を行うサーフェスまたは…操作を完了するにはEnterを押します]]のプロンプトで、[終了]ボタンを押すと、コマンドが実行される。形状に変化は見られないが、プリミティブが交差した部分が削除され、1つのオブジェクトに結合されている（図tl07-04）。

おもちゃの機関車の完成。

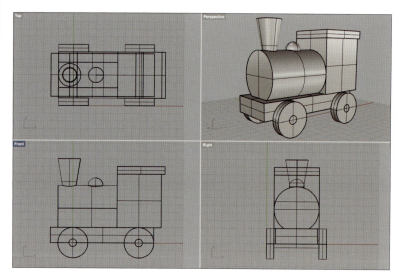

▲図tl07-04

参照モデル ● ToyLoco.3dm＞[ソリッド]レイヤ

②**モデルファイルを保存**

作成したモデルファイルを保存するには、[ファイルメニュー:保存]を選択する。ファイルの名前と保存場所を指定して保存しよう。

▲図tl07-05

第5章
プレートのモデリング

Starting Rhino with Mac

〔達成目標〕
本章では、ネームプレートのモデリングを通じて以下の操作を習得する。

✓ グリッドスナップを使用した2次元ポリラインの作成
✓ 曲線に対するフィレットコマンドによる角Rの作成
✓ テキストのアウトラインカーブの押し出しによるソリッドの作成
✓ ソリッド同士のブール演算
✓ ソリッドに対するフィレットコマンドによる角Rの作成
✓ Rhinoモデルを3Dプリンターに出力するためのSTLデータに変換して保存する

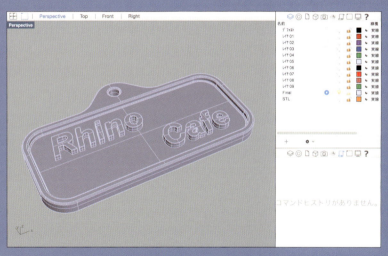

参照モデル:Plate2015.3dm

5-1 Starting Rhino with Mac

テンプレートからRhinoモデルを開く

①Rhinoを起動し、起動画面右下にある[テンプレートを表示]をクリックする。

▲図pl01_01

②起動画面で、標準テンプレートの[Small Objects-Millimeters]をダブルクリックする。

▲図pl01_02

③初期画面が表示される。

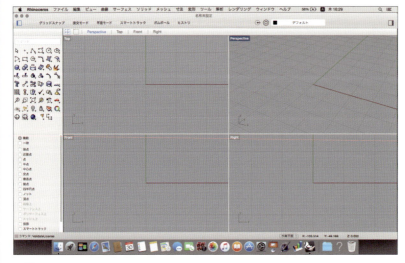

▲図pl01_03

5-2
Starting Rhino with Mac

2次元のラインを作成する

決められた大きさから、プレートの外形線を、[直線]コマンドや[フィレット]コマンドを使用して、2次元図形として作成する方法を理解する。

① ▢[曲線メニュー:長方形>中心・コーナー指定/Rectangle]を選択する。原点(0,0,0)を中心とした、幅180mm、高さ80mmの長方形を作成するため、コマンドボックスの[長方形の中心]=0、[もう一方のコーナーまたは長さ]=180、[幅]=80と入力、それぞれ[enter]キーを押し、長方形を作成する。

Rectangle	Rectangle	Rectangle
長方形の中心: 0	もう一方のコーナーまたは長さ: 180	幅。長さと同じ場合はEnterを押します: 80
ラウンドコーナー(R)	3点(P)	3点(P)
キャンセル	ラウンドコーナー(R)	ラウンドコーナー(R)
終了	キャンセル	キャンセル
	終了	終了

▲図pl02_00

> **Tips**
> 原点の入力に関しては、正確には、0,0,0とX,Y,Z座標値を入力するが、単純に0と入力した場合は、自動的に原点(0,0,0)が指定されたものと認識される。

② 🔍[ビューメニュー:ズーム>全体表示(すべてのビューポート)/Zoom]をクリックして、全体表示を行う。

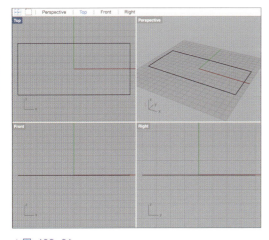

▲図pl02_01

③ [Top]アイコンを左クリック、またはビューポートの[Top]ラベルをダブルクリックして、トップビューのみを1ビューポート表示にする。

▲図pl02_02

④ [曲線メニュー:オフセット>曲線をオフセット/Offset]を選択する。コマンドボックスに[距離]=5と入力してから、先ほど作成した長方形を選択する。ビューでマウスを移動すると十字のカーソルと白いラインが表示されるので、長方形の内側にドラッグしてオフセット方向を決定し、クリックする。内側にオフセットされたラインが作成される。

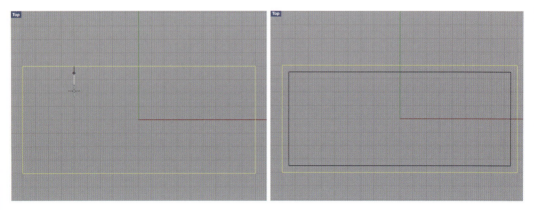

▲図pl02_03

▲図pl02_04

⑤ [編集メニュー:表示>ロック/Lock]を選択して、外側のラインを選択し、[enter]キーを押す。これにより、外側のラインを編集できないように、一時的にロックする。

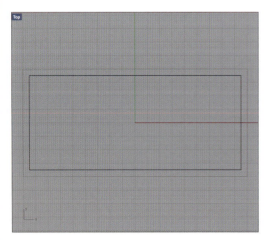

▲図pl02_05

⑥［ファイルメニュー：設定＞グリッド］より、スナップ間隔を5mmに変更する。

▲図pl02_06

> **Tips**
> スナップ間隔は、必要に応じて変えていこう。このモデルは、5mmに設定しているが、初期値は、1mmである（［Small Objects - Millimeters］の場合）。

⑦［グリッドスナップ］をクリックで有効にし、［端点］にチェックを入れる。

▲図pl02_0   ▲図pl02_08

⑧ [曲線メニュー：ポリライン＞ポリライン/Polyline］を選択し、以下の図を参考に、初めはロックした外側の長方形コーナーにスナップ（吸着）しながら、そして途中では、緑のY軸部分を中心に三角の山形になるよう、グリッドの3マスを目印にクリックしていく。最後は始点に戻って、ラインを閉じる。

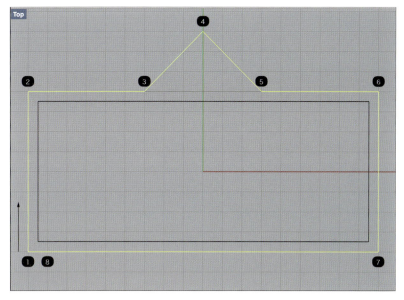

▲図pl02_09

> **Tips**
> ロックしたオブジェクトは編集できないが、他のオブジェクトはスナップ(吸着)することができる。

⑨ 🔒 [編集メニュー:表示>ロックを解除/UnLock]を行い、先ほどガイドとしてロックした外側の長方形のロックを解除し、[delete]キーで削除する。

> **Tips**
> ロックのアイコンを右クリック、またはロックのアイコンを[option]キーを押しながら左クリックしてもロックを解除できる。

参照モデル ● Plate2015.3dm>レイヤ01

⑩ここでコーナーを、丸く処理する「フィレット」を作成する。🔄 [曲線メニュー:コーナーをフィレット/FilletCorners]を選択し、[フィレットするポリカーブを選択]にて外側のラインを選択し、[enter]キーを押す。次に、コマンドボックスにフィレットの半径を「20」と入力して[enter]キーを押す。すべてのコーナーにR=20のフィレットが適用される。

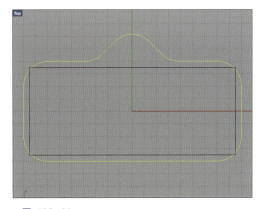

▲図pl02_10   ▲図pl02_11

> **Tips**
> [FilletCorner]コマンドを使用すれば、ポリラインに対してすべてのコーナーに同じ大きさのフィレットを作成することができる。1つずつサイズを変更して行う場合は、後述の[Fillet]コマンドを使用する。

⑪続けて、[enter]キーを押して[コーナーをフィレット]コマンドを再実行する。内側の長方形を選択し、[enter]キーを押す。コマンドボックスで、[フィレットの半径]=15にし、[enter]キーを押して同様にフィレットをかける。

Tips

1つ前に使用したコマンドを再び実行したい場合は、[enter]キーで繰り返し適用することができる。また、ビューの上で右クリックして表示されるコンテキストメニューからも以前使用したコマンドを選択して再実行することができる。

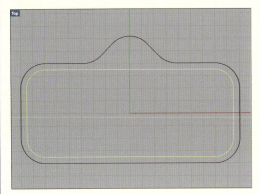

▲図pl02_12

Tips

このプレートのような形のコーナー(角)の部分を、一定の大きさの半径で角を丸く処理することを「フィレット」と呼ぶ。角R(角アール)と呼ぶこともある。フィレットは工業製品の多くに見られる。半径が15のフィレットを15Rと呼ぶこともある。

参照モデル ● Plate2015.3dm＞レイヤ02

5-3 ラインを押し出してソリッドを作成する

2次元図形をZ方向に数値を指定して押し出し、3次元のソリッドを作成する。

①[4ビューポート]アイコンをクリック、またはビューポートの[Top]ラベルをダブルクリックして4ビューポートに切り替える。

▲図pl03_01

② [ソリッドメニュー:平面曲線を押し出し>直線/ExtrudeCrv]を選択する。外側のラインを選択し、enterキーを押して決定する。次のコマンドボックスで、押し出し距離を「10」と入力し、enterキーを押す。このとき、オプションで[ソリッド]にチェックが入っていることを確認する。

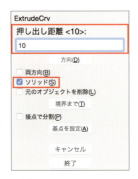

▲図pl03_02

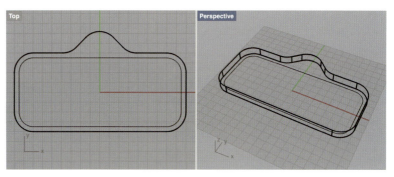

▲図pl03_03

③enterキーを押して、先ほどの[平面曲線を押し出し]コマンドを再実行する。「押し出す曲線」として内側のラインを選択し、enterキーを押す。

④コマンドボックスにて[押し出し距離]が先ほど同様に「10」になっていることを確認し、何もせずenterキーを押して決定する。

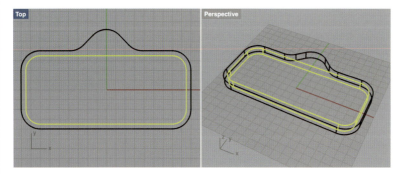

▲図pl03_04

> **Tips**
> 2本のラインをまとめて選択してコマンドを実行すると、2本のラインに囲まれた範囲を押し出しエリアと認識して下図のような形状になるので、ここでは1本ずつ行う。

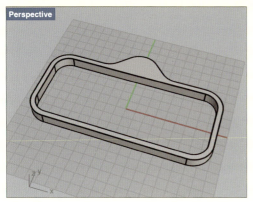
▲図pl03_05

⑤Perspectiveビューラベルを右クリックし、コンテキストメニューから[シェーディング]を選択する。

▲図pl03_06

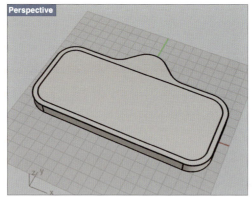
▲図pl03_07

参照モデル ● Plate2015.3dm＞レイヤ03

⑥Topビューで内側の押し出したオブジェクトを選択する（クリックした近くに複数のオブジェクトがある場合、[オブジェクトを選択]ダイアログボックスが開くので、[曲線]ではなく[押し出し]のほうを選択する）。

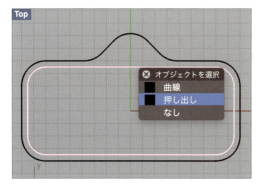
▲図pl03_08

⑦ [グリッドスナップ]が有効になっていることを確認し、Frontビューで shift キーを押しながら上方向に5mm(小さなグリッド5マス分)ドラッグして移動させる。

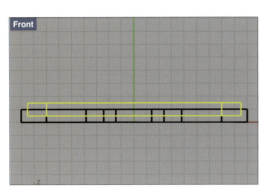
▲図pl03_09

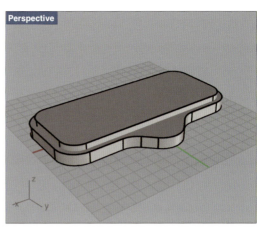
▲図pl03_10

Tips
後述の5-⑤で使用する[ガムボール]を"オン"にして、数値入力で移動してもよい。使いやすいほうを使用しよう。

参照モデル ● Plate2015.3dm＞レイヤ04

5-4 くぼみの穴を開ける

2つのソリッドを利用して差のブール演算でプレートにくぼみを作成する方法を理解する。

複数のオブジェクトの重なり合う部分を共通化させたり、削除したりする操作を「ブール演算」と呼ぶ。ブール演算には、和（合成する）、差（削除する）、積（共通部分のみ残す）等がある。ここでは差のブール演算を使用してモデリングする。

① [ソリッドメニュー：差/BooleanDifference]を選択し、[差演算をする元のサーフェス]として外側のプレートを選択し、enterキーを押す。

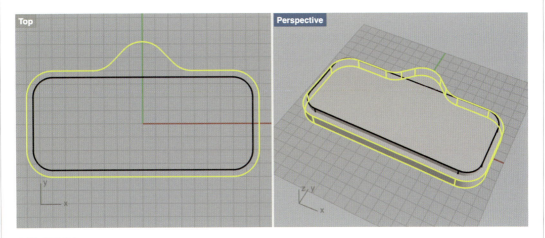

▲図pl04_01

② [差演算に用いるサーフェス]として、内側のプレートを選択し、コマンドボックスの[元のオブジェクトを削除]にチェックが入っていることを確認して、enterキーを押す。これにより、差演算に用いた内側のプレートは削除され、穴となった状態が確認できる。

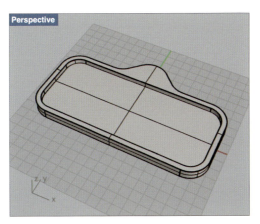

▲図pl04_02   ▲図pl04_03

参照モデル ● Plate2015.3dm>レイヤ05

5-5 ロゴを配置する

プレートに名前を入れるために、文字を利用して3次元のロゴを作成し、和のブール演算でプレートと一体化する方法を理解する。

Rhinoは、テキストフォントのアウトラインを抽出して、そのままフォント外形から2次元カーブの作成、2次元のサーフェスの作成、押し出してソリッドの作成を行うことができる。

① ▣［ソリッドメニュー：テキスト.../TextObject］を選択する。開いたウインドウで「使用するテキスト：RhinoCafe」と入力、［フォント＞ファミリー：Arial、スタイル：ボールドイタリック］、［作成：ソリッド］、［テキストの高さ=20mm、奥行き=6mm］に変更し、［OK］を押す。

▲図pl05_01

②Topビューにて、プレートの上部でクリックする。テキストが奥行き（高さ）を持ったソリッドとして作成されるが、高さの一部がプレートに埋まっている状態になっている。

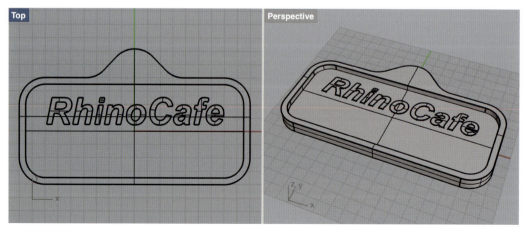

▲図pl05_02

③Topビューにて、左上から右下にドラッグし、ロゴのみを[囲み窓選択]する。

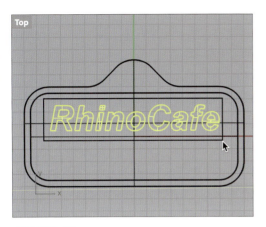

▲図pl05_03

④Rightビューにて、グリッドスナップ[端点]を使用して、ロゴの上部にスナップしながらプレート上部と高さが合うように shift キーを押しながら上にドラッグする(プレートにロゴの底部が少し埋まっていることを確認する)。

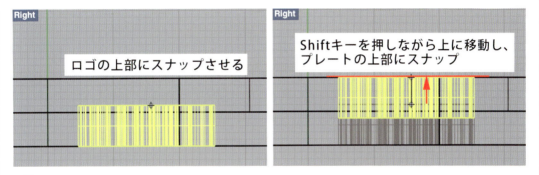

▲図pl05_04

⑤Topビューで、[Cafe]の文字だけを左上から右下にドラッグで囲んで選択を行う。[ガムボール]をオンにし、緑色のY軸にマウスを合わせて縦方向に制限をしながらプレート下部にドラッグして任意の位置に配置する。

▲図pl05_05

Tips

[ガムボール]を使用すると、緑や赤の矢印にマウスを合わせるだけで、移動方向の制限ができるため便利だ。使用しない場合は、shiftキーを押しながら移動すると、同様に垂直方向に制限ができる。

参照モデル ● Plate2015.3dm＞レイヤ06

⑥移動が終了したら、余白でクリック、またはescキーを押して選択を解除しておく。[ソリッド＞和（合成）/BooleanUnion]を選択し、ドラッグまたは⌘+Aキーにてすべてのオブジェクト（プレートとロゴ）を選択してから、enterキーを押す。プレートと重なっていた部分が削除され、複数だったオブジェクトが単一のオブジェクトとして合成される。

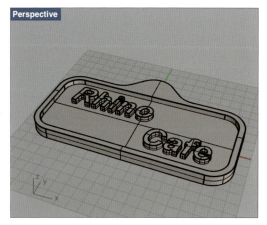

▲図pl05_06

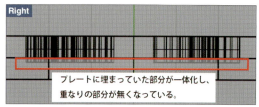

▲図pl05_07

Tips

一見ブーリアン（和）を行わなくても見た目には変わりはないように思うが、後に3Dプリンターで出力するときに重なりのあるオブジェクトだと適切に出力されない。ブーリアン（和）演算を使用し、単一オブジェクトにする必要がある。

参照モデル ● Plate2015.3dm＞レイヤ07

5-6 穴を開ける

小さな円柱を作成し、差のブール演算でプレートに貫通した穴を作成する方法を理解する。

①［グリッドスナップ］と［ガムボール］をオフにする。［スマートトラック］をオンにし、［四半円点］にチェックを入れる。

▲図pl06_01

▲図pl06_02

②Topビューで、［ソリッドメニュー：円柱/Cylinder］を選択し、プレート上部の半円形部分にマウスを合わせると［四半円点］上でスナップする。そのまま垂直にマウスを動かし、任意の点でマウスをクリックすると、円柱の中心が決定される。

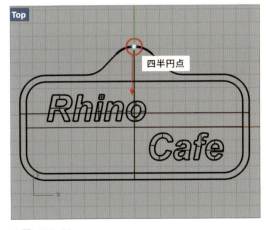

▲図pl06_03

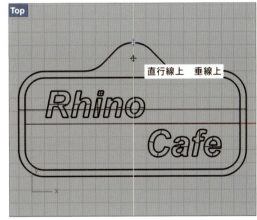

▲図pl06_04

③コマンドボックスに[半径]=5と入力し、[enter]キーを押す。続けて[円柱の高さ]=20と入力し、[enter]キーを押す。

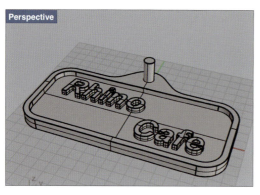

▲図pl06_05

④[スマートトラック]をオフ、[グリッドスナップ]をオンにし、円柱を選択する。Frontビューで、円柱がプレートを貫通するよう下方向に移動する。Perspectiveビューでも、ビューを回転させて円柱が貫通しているかを確認する。

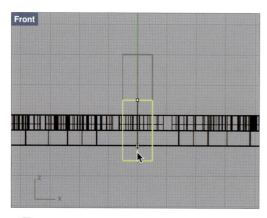

▲図pl06_06　　▲図pl06_07

参照モデル ● Plate2015.3dm>レイヤ08

⑤[ソリッドメニュー:差/BooleanDifference]を選択し、コマンドボックスで、[差演算をする元のサーフェス]としてプレートを選択し、[enter]キーを押す。次に、[差演算に用いるサーフェス]として円柱を選択し、[enter]キーを押す。円柱があった部分が穴となってくり抜かれる。

▲図pl06_08

参照モデル ● Plate2015.3dm>レイヤ09

5-7 フィレットを付ける

角張ったプレートのエッジ部分を柔らかい形状にするために、一定の大きさの円でフィレットを付ける方法を理解する。

①Perspectiveビューラベルをダブルクリックして1画面表示にする。[ソリッドメニュー：エッジをフィレット＞エッジをフィレット(可変半径フィレット)/FilletEdge]を選択する。コマンドボックスの[フィレットするエッジを選択]で、[次の半径]＝1(mm)となっていることを確認し(なっていない場合は1に変更してから)、中央の円形の穴のエッジを選択する。エッジが黄色く反転する。

▲図pl07_01

▲図pl07_02

②次に、[フィレットするエッジを選択]にて、プレートの上部外側のエッジラインをクリックして選択する。外側のアウトラインの一部のみ選択されるので、コマンドボックスの[チェーンエッジ]をクリックする。コマンドボックスが[1つ目のチェーンセグメントを選択]と変わるので、その状態で選択エッジ隣の、まだ黒いエッジ部分をクリックすると、一周(チェーン状に)まとめて選択することができる。

▲図pl07_03

▲図pl07_04

▲図pl07_05

③コマンドボックスの表示が[次のチェーンセグメントを選択]となっている。チェーンでの選択は終了したため[enter]キーを押すと、今回のチェーンセグメントは決定となり、外周に小さく半径の1が表示されているのが確認できる。

▲図pl07_06

▲図pl07_07

④コマンドボックスの表示が[フィレットするエッジを選択]に戻っていることを確認したら、次にフィレットを行うエッジを選択していく。下図を参考に、エッジの一部を選択してから、先ほどと同様に[チェーンエッジ]を選択して、隣のエッジ部分をクリックする。選択が完了したら、[enter]キーを押す。

▲図pl07_08

⑤再度、コマンドボックスの表示が[フィレットするエッジを選択]に戻っていることを確認したら、プレートの底のアウトラインとなるエッジを同様に選択していく。選択が完了したら、[enter]キーを押して決定する。

▲図pl07_09

⑥もう一度[enter]キーを押すと、コマンドボックスの表示が[編集をするフィレットハンドルを選択]になる。ここでは、フィレットの半径を一部変更することなどができるが、今回はこのままの設定で[enter]キーを押す。

▲図pl07_11

▲図pl07_12

⑦選択したエッジにフィレットがかかっていることが確認できる。

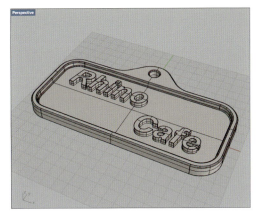
▲図pl07_13

参照モデル ● Plate2015.3dm＞Final

⑧[ファイルメニュー:保存]を選択する。名前:任意の名前を付けて、Rhinocerosファイル（.3dm）として保存する。

▲図pl07_14

⑤STLエクスポートオプション画面で[バイナリ]を選択し、[エクスポート]をクリックする。

▲図pl08_07

⑥[ファイルメニュー:新規作成]を行い、続けて[ファイルメニュー:インポート]にて、先ほど出力した.stlファイルを選択する。[STLインポートオプション]の設定はそのままで[インポート]を押し、形状を確認する。

▲図pl08_08

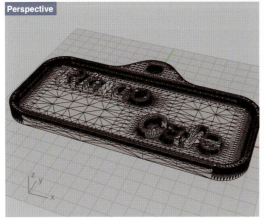

▲図pl08_09

参照モデル●Plate2015.3dm＞STL

Column

STL出力時のパラメーター設定

STLデータは光造形等で使用されるフォーマットで、Stereolithography（ステレオリソグラフィー）を表す拡張子、".stl"で定義される汎用のデータフォーマットで3角形もしくは四角形のポリゴンで表現される。ポリゴンは平面なので、曲面を持つ3次元モデルをポリゴンに変換した場合、ポリゴンの数が少ないと角張った形になる。STLのオプションのパラメータによって生成されるメッシュは下図のようになる。

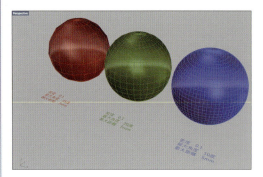

▲図pl08_10

上図の例は、直径100mmの球のモデルからの最大距離を5mm、密度を0.1に指定し、最大角度は左から順に、45度、20度、10度に指定したものだ。

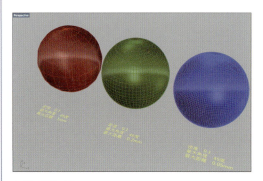

▲図pl08_11

上図の例は、直径100mmの球のモデルからの最大角度を45度、密度を0.1に指定し、最大距離は左から順に、1mm、0.2mm、0.05mmに指定したものだ。STLに変換時の、"最大角度"の意味は、元となるRhinoモデルの曲面から生成される隣り合うポリゴンモデルの頂点の法線方向の角度を示す。最大距離は、元となるRhinoモデルの曲面から生成されるポリゴンとの曲面までの距離を示す。

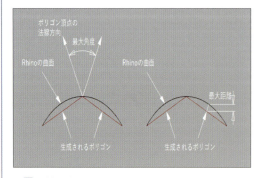

▲図pl08_12

いずれの場合も、生成されるメッシュの解像度は値を小さくすれば増えていく。曲面を意識する場合は、最大角度を小さくし、精度を追及するには最大距離を小さくするとよい。一般的には、最大角度は10度〜20度位と考えてよい。最大距離は出力するモデルと3Dプリンターの精度の兼ね合いで決めておこう。本章のモデルでは、出力精度が、100ミクロン程度と想定して、その半分の0.05mm（50ミクロン）に設定した。

第6章
ワイングラスのモデリング

Starting Rhino with Mac

〔達成目標〕
本章では、ワイングラスのモデリングを通じて以下の操作を習得する。

- ✓ 自由曲線の作成
- ✓ ナッジキーによる制御点の移動
- ✓ 曲線間のフィレット作成
- ✓ 回転サーフェスの作成
- ✓ サーフェス間へのブレンド

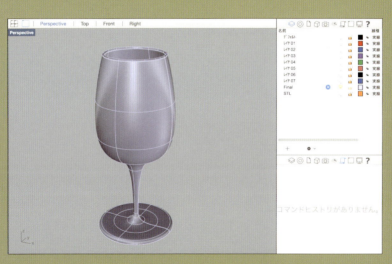

参照モデル:3WineGlassCurves2015.3dm

6-1 ガイドラインの作成

ワイングラスをモデリングするときの"あたり"となる最大の外形線を、数値入力により矩形で作成する。

①Frontビューを1画面表示にする。□[曲線メニュー:長方形>中心、コーナー指定/Rectangle]を選択し、[長方形の中心]=0、[もう一方のコーナーまたは長さ]=66、[幅]=150と入力し、[enter]キーを押す。

▲図wi01_01

②[ビューメニュー:ズーム>ダイナミックに/Zoom]を使用して長方形の全体が見えるようにマウスをクリック&ドラッグしてズームアウトする。長方形を選択し、[shift]キーを押しながら底辺の高さが0になるよう、上方向に移動する。

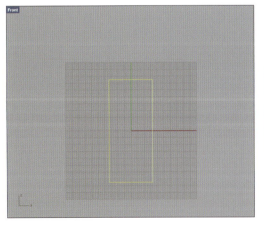

▲図wi01_02

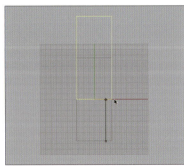

▲図wi01_03

③グリッドが長方形に対して一部足りなくなるので、[ファイルメニュー:設定＞グリッド]にて、[グリッド線数]=150に変更する。[ビューメニュー:ズーム＞全体表示/Zoom]を行っておく。

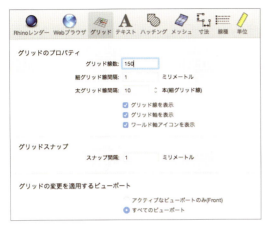
▲図wi01_04

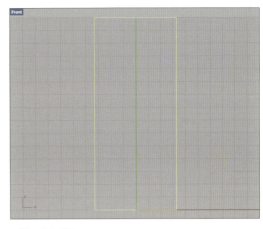
▲図wi01_05

④レイヤパネルにて、[レイヤ01]のチェックボックスを押して、[現在のレイヤ]に変更する。次に、[デフォルト]レイヤの鍵のアイコンを押して、編集できないようにロックする。

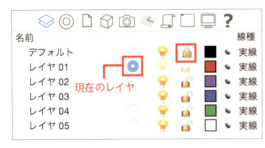
▲図wi01_06

参照モデル●Wineglass2015.3dm＞デフォルトレイヤ

6-2 ワイングラスの輪郭線を作成する

ワイングラスの輪郭線は、できるだけ美しい自由曲線で定義したい。少ない制御点で、意図した曲線を作成する方法を理解する。

①初めに、ワイングラスのカップ部分のライン作成をする。[曲線メニュー:自由曲線＞制御点指定/Curve]を実行し、次数が「3」になっていることを確認する。

▲図wi02_01

②先ほど作成したガイドラインと下図を参考にしながら、Frontビューで、下から60mmくらいがグラスの底になるよう、ワイングラスの断面となる曲線を作成する。最後は右クリックで終了する（目安として、制御点が7個位になるように作画していく）。

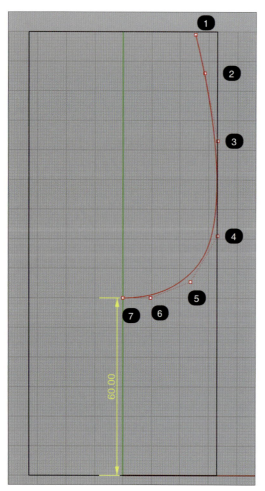

▲図wi02_02

③ライン作成が終了すると、クリックしたポイントは非表示になる。作成したラインを選択し、[編集メニュー:制御点>制御点表示オン/PointsOn]を押すと、制御点が編集可能になるので、ドラッグして任意の形状に修正する。その際、ナッジ機能（option+矢印キー）を使用すると、より細かな調整が可能になる。

> Column
>
> ### キーボード操作によるオブジェクトの移動
>
> ナッジとは、option+矢印キーのキーボード操作で、オブジェクトや制御点を設定した距離で移動させることができる機能だ。初期値では以下の3種類の組み合わせで移動距離が設定されていて、値は[Rhinocerosメニュー:環境設定>モデリング補助機能>ナッジ]にて変更可能だ。
>
> 1. ナッジキー（option+矢印キー）… 初期値:0.5
> 2. ⌘+ナッジキー … 初期値:0.05
> 3. shift+ナッジキー … 初期値:2.0
>
>
>
> ▲図wi02_03

④なお、グラスの底の中心ライン上の点とその隣の制御点は、必ず水平（一直線上）になるように、制御点を移動して曲線を整える。これは、この後ラインを回転させた際につなぎ目が滑らかになるために必要な作業である。

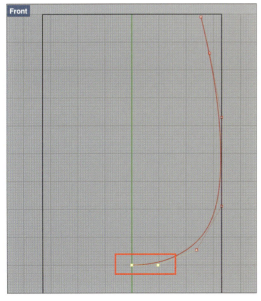

▲図wi02_04

Column

位置連続と接線連続について

2本の曲線が接する際、端点のみが一致している状態を位置連続(G0)の関係となる。また、端点が一致し、かつ端点から2番目の制御点を含む計4点が一直線上にある場合、2本の曲線は接線連続(G1)の関係となる。曲線を回転させる場合も、この特性を考慮して制御点を配置する必要がある。

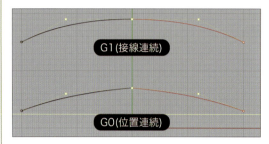

▲図wi02_05

参照モデル ● Wineglass2015.3dm＞レイヤ01

⑤ [編集メニュー:制御点＞制御点表示オフ/PointsOff]を押して制御点をオフにする。

Tips

形状のラインを参考にしたい場合は、以下の手順で参照ファイルを読み込む。

1. ファイルメニュー:インポート]を選択し、「3WineGlassCurves2015.3dm」を開く。
2. 3本のReferenceラインが読み込まれ、レイヤパレットを確認すると、新たに[Reference]というレイヤが追加されている。

▲図wi02_06

3. 鍵のアイコンをクリックしてこのレイヤをロックしておく。ラインの作成が終わり、必要なくなったら電球の表示・非表示アイコンを押して非表示にする。

▲図wi02_07

⑥続けて、再度 [曲線メニュー:自由曲線>制御点指定/Curve]を実行し、ワイングラスの脚部分のラインを作成する。グラスに重なるようにラインを引いてかまわないので、スケッチを行うようにラインを引いていく。同様に、[編集メニュー:制御点>制御点表示オン/PointsOn]を選択して制御点を表示し、図wi02_08を参考に曲線を整える。

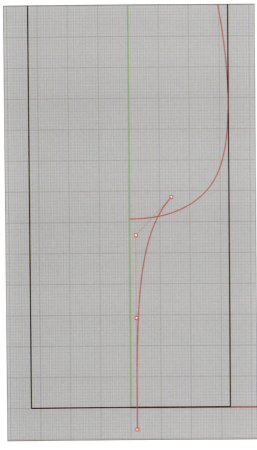

▲図wi02_08

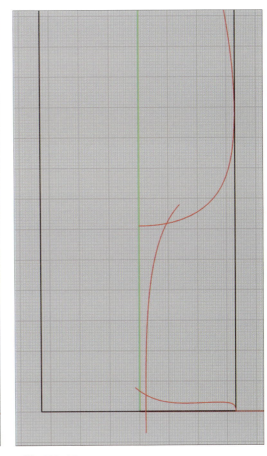

▲図wi02_09

⑦最後に、ワイングラスの台部分のラインを作成する。台の縁の丸みにあたる右下の部分は、垂直に2つの制御点が並ぶように作成する(図wi02_09)。

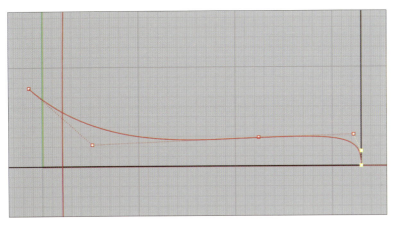

▲図wi02_10

参照モデル●Wineglass2015.3dm>レイヤ02

⑧グラスの底にラインを引く。[曲線メニュー:ポリライン>ポリライン]を選択し、原点から水平に、ガイドラインまで直線を引く。

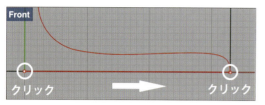

▲図wi02_10a

⑨[編集メニュー:制御点>制御点表示オフ/PointsOff]を押して、制御点を非表示にする。

⑩カップ部分のラインに厚みを付けるため、[曲線>オフセット>曲線をオフセット]を選択し、[オフセットする曲線を選択:]にてカップの曲線を選択する。[距離]=1.5と入力し、マウスを内側にドラッグして、任意の位置でクリックする。

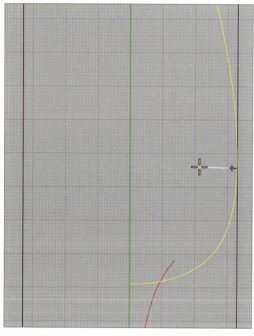

▲図wi02_11

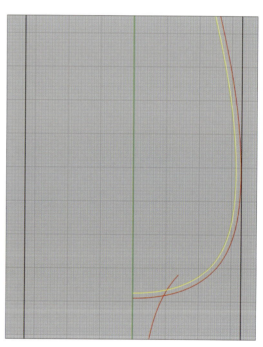

▲図wi02_12

参照モデル ● Wineglass2015.3dm>レイヤ03

⑪作成した内側のオフセットラインは、次のフィレットの作業で誤って選択することを防ぐため、[編集メニュー:表示>非表示/Hide]にていったん非表示にしておく。

> **Tips**
> オブジェクトの表示・非表示や、ロック・ロック解除はモデリングではよく使用する操作なので慣れておこう。

6-3 フィレットを作成する

3本の自由曲線で描いた輪郭線を滑らかに接続するための曲線間に半径を指定してフィレットを作成する方法を理解する。

① [曲線メニュー:フィレット/Fillet]を選択し、半径=15に設定する。フィレットする1つ目の曲線としてグラスの外側の曲線をクリック、フィレットする2つ目の曲線として脚の曲線をクリックすると（それぞれの端点の近くをクリック）、2本の曲線間に指定した半径で丸みが付けられる。初期値にて[結合]と[トリム]にチェックが入っていたため、2本の曲線の余分な部分が削除（トリム）され、1本に結合された状態となる。

▲図wi03_01

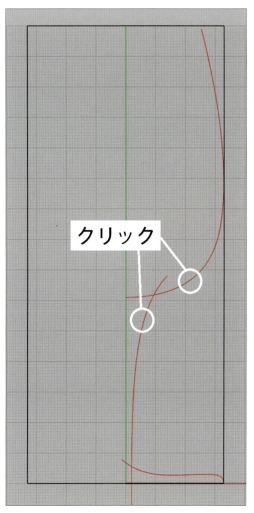
▲図wi03_02

Tips
曲線をクリックする際、フィレットをかけたい端点の近辺でクリックすること。あまり離れた場所でクリックすると、「曲線をフィレットできません。フィレット半径が大きすぎるか、フィレット近くで曲線が同一平面上にない可能性があります。」というエラーなどで適用できない場合がある。

②enterキーを押して[フィレット]コマンドを再実行する。[半径]=7.5に変更し、1つ目の曲線として脚の曲線をクリック、2つ目の曲線として台の曲線をクリックする。

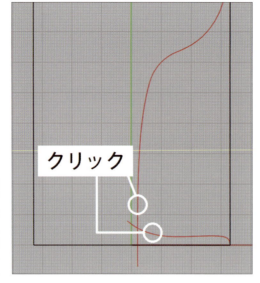

▲図wi03_03　　▲図wi03_04

参照モデル●Wineglass2015.3dm>レイヤ04

③💡[編集メニュー:表示>表示/Show]にて、先ほど非表示にしておいたオフセットラインを表示させる。

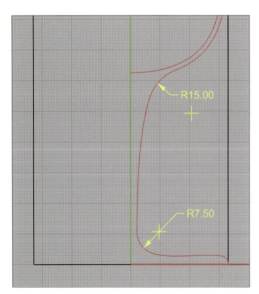

▲図wi03_05

参照モデル●Wineglass2015.3dm>レイヤ05

Tips

フィレットの値は自分が最適と思う値でいろいろ試してみよう。一度、フィレットを入れた後にその値を変更することはできないので、[Undo]コマンドでフィレットを付ける前に戻して行う。

6-4 回転サーフェスを作成する

作成した輪郭線を360度、回転してサーフェスを作成する。輪郭線の端部の位置と回転軸を正確に指定することを意識する。

①作成した2次元の断面となるラインを元に、回転を行って立体を作成していく。レイヤパネルで、[レイヤ02]のチェックボックスを押して[現在のレイヤ]に切り替える。

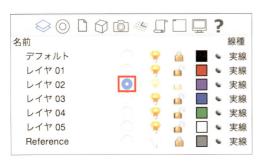

▲図wi04_01

② [サーフェスメニュー：回転/Revolve]を選択し、[回転する曲線を選択]にて、先ほど作成した曲線を2本とも選び、enterで決定する。回転軸の[始点]および[終点]として、FrontビューでY=0の緑の中心線上に、任意の長さの直線をshiftキーを押しながらクリックして作成する。

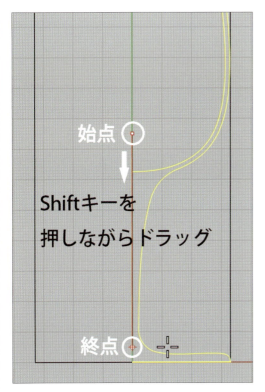

▲図wi04_02

③続けて、[開始角度]をコマンドボックスの[360度]ボタンを押して指定する。

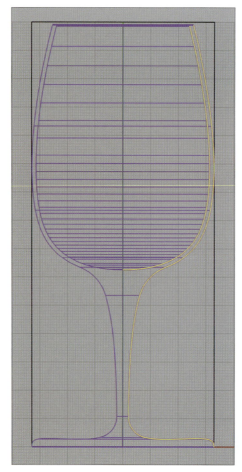

▲図wi04_03　　　　▲図wi04_04

④[レイヤ]パネルで、[デフォルト]レイヤと[レイヤ01]レイヤを(表示されている場合は[Reference]レイヤも)非表示にする。Perspectiveビューに切り替え、シェーディング表示(⌘+control+Sキー)に切り替えて形状を確認する。

▲図wi04_05　　　　▲図wi04_06

6-5 ブレンドサーフェスを作成する

2つのサーフェスのエッジの間に滑らかに作成することを「ブレンドサーフェス」と呼ぶ。回転サーフェス間に滑らかなブレンドサーフェスを作成する方法を理解する。

①2つのサーフェスの間に滑らかなサーフェスを作成することを「ブレンド」と呼び、ブレンドで作成されたサーフェスをブレンドサーフェスということがある。パースペクティブビューで口元部分を拡大すると、サーフェスが閉じていないのが確認できる。この部分をつなぐ滑らかなサーフェスを作成するため、[サーフェスメニュー:ブレンド/BlendSrf]を実行する。1つ目のエッジとしてグラスの外側のラインを選択し、[enter]キーを押す。続けて2つ目のエッジとして、グラスの内側のラインを選択し、[enter]キーを押す。

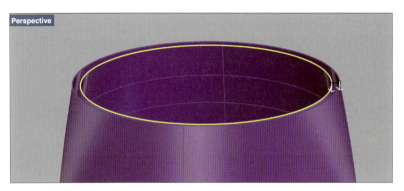

▲図wi05_01

②[シーム点をドラッグして調整]と出るが、ここではこのまま[enter]キーを押す。

```
BlendSrf
シーム点をドラッグして調
整。操作を完了するにはEnter
を押します:
```

▲図wi05_02

Tips

[シーム点]とは、曲線の継ぎ目となる点のことである。この位置が離れていたり、向きが反対だったりすると、サーフェスがねじれたりゆがんだりしてしまうことがあるので、修正する必要がある場合はここで修正する。コマンドの詳細はヘルプで確認しよう。

▲図wi05_03

③オプションウインドウが開くので、[プレビュー]をクリックする。エッジとエッジの間にブレンドサーフェスが作成されているのが確認できる。スライダを動かすと①と②のそれぞれのエッジにてサーフェスのブレンド状態を微調整できる。ここではこのまま[OK]を押す。

▲図wi05_04

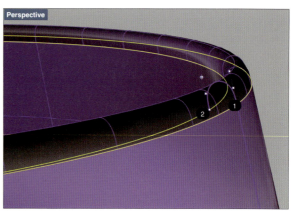
▲図wi05_05

参照モデル ● Wineglass2015.3dm>レイヤ07

Tips

2次元カーブを [曲線メニュー:ブレンド>曲線ブレンド（調整）/BlendCrv]を使用して、曲線を閉じてから回転することも可能だ。結果は基本的には同じだが、サーフェスをブレンドしたほうが、プレビューにて回転したときにサーフェスの状態を確認しながら、スライダを使用してブレンドサーフェスを微調整できるという利点がある。

▲図wi05_06

④現在は、グラスの外側のサーフェス、内側のサーフェス、今作成したブレンドサーフェス、底面のサーフェスの4つのサーフェスがバラバラの状態である。[編集メニュー:結合/Join]を選択し、4つのサーフェスを1つずつクリックして選択し、enterキーを押す。サーフェスが結合され、1つのオブジェクトとなる。

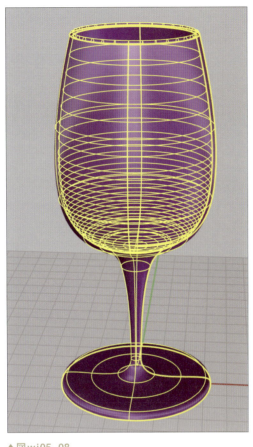

▲図 wi05_07　　▲図 wi05_08

参照モデル ● Wineglass2015.3dm>Final

⑤[ファイルメニュー:保存]を選択する。名前:任意の名前を付けて、Rhinocerosファイル(.3dm)として保存する。

6-6
3Dプリンターに出力する

①[ファイルメニュー:選択オブジェクトをエクスポート]を選択し、wineglassを「STL」形式にて[エクスポート]する。

②STLメッシュのオプション画面で[許容差]に「0.05」を入力し、矢印をクリックしてオプションを拡張する。
　※許容差は、ご利用の3Dプリンターの精度に合わせて設定してください。

▲図wi06_01

③オプションを下記の設定に変更して、[OK]を押す。次に開くオプションも、バイナリのまま[エクスポート]を押す(図wi06_02)。

④[ファイルメニュー:新規作成]→[ファイルメニュー:インポート]にて、先ほど出力した.stlファイルをデフォルトの設定のまま読み込み、形状を確認する(図wi06_03)。

▲図wi06_02

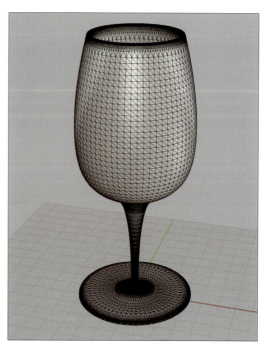

▲図wi06_03

第7章
iPhone6ケースのモデリング

Starting Rhino with Mac

〔達成目標〕
本章では、iPhone6ケースのモデリングのモデリングを通じて以下の操作を習得する。

· ·

✓ サブレイヤの理解
✓ 寸法を意識したモデリング
✓ ソリッドとサーフェスの差のブール演算
✓ サーフェスの方向の理解
✓ 矩形配列
✓ 詳細部分の造り込み

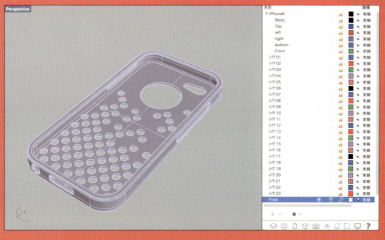

参照モデル:iPhoneCase2015.3dm

7-1 本体のベースとなる形状の作成

Starting Rhino with Mac

サブレイヤの用意されたiPhone6の図面を参照し、ケースのベース形状を押し出しのソリッドとサーフェスとの差のブール演算で作成する方法を理解する。

①Rhinocerosを起動し、ファイルの中から[iP6Case_start.3dm]を選択して開く。ここでは、カタログ上に記述されている実際のiPhone6のBodyサイズと、各種穴となる2Dラインが表示されている（図ip01_01）。

②[現在のレイヤ]を確認する。[iPhone6]レイヤを開くと、中に5つのサブレイヤが表示されている。ここでは、いったんサブレイヤの[Body]レイヤ以外のレイヤをオフにし、[レイヤ01]を[現在のレイヤ]にしておく（図ip01_02）。

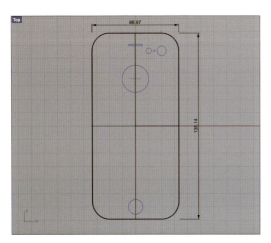
▲図ip01_01

▲図ip01_02

> **Tips**
> サブレイヤとは、1つ下の階層のレイヤである。親のレイヤがオンの場合でも子となるサブレイヤは独立してオンオフが可能だが、親のレイヤをオフにすると、すべてのサブレイヤも同時にオフになるような親子関係を持ったレイヤを作成することができる。

③Topビューで、[曲線メニュー:長方形＞中心、コーナー指定/Rectangle]を選択し、[長方形の中心]=0、[もう一方のコーナーまたは長さ]=71、[幅]=142と入力し、enterキーを押す。

> **Tips**
> ここでは、後ほど内側に1.5mmの厚みをとることを踏まえ、本体よりも上下2mmずつの余裕をとってベースとなる外側の線を作成している。

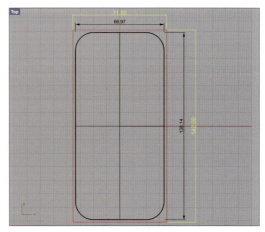
▲図ip01_03

参照モデル●iPhoneCase2015.3dm＞レイヤ01

④ [曲線メニュー:コーナーをフィレット/FilletCorners]を選択し、[Filletするポリカーブを選択]にて先ほどの長方形を選択して enter 。続けて、[Fillet]の半径=14を入力し、enter キーを押す。

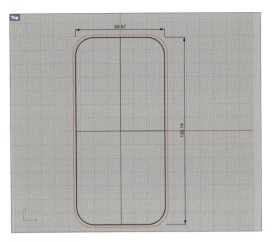

▲図ip01_04

参照モデル●iPhoneCase2015.3dm>レイヤ02

⑤ 4画面表示にする。レイヤパネルにて、[iPhone6]レイヤをオフにする。サブレイヤの[Body]も同時にオフになっていることを確認する。[レイヤ02]を[現在のレイヤ]にする。

▲図ip01_05

⑥ [ソリッドメニュー:平面曲線を押し出し>直線/ExtrudeCurve]を選択し、作成した曲線を指定する。[押し出し距離]=8.5と入力、[両方向]にチェックを入れ enter キーを押すと、曲線の上下に8.5mmずつ押し出されて厚みが作成されているのが確認できる。

 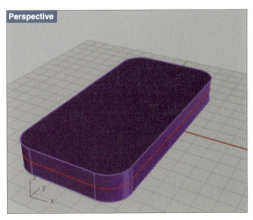

▲図ip01_06   ▲図ip01_07

参照モデル●iPhoneCase2015.3dm>レイヤ03

⑦[レイヤ01]を非表示にし、[レイヤ03]を[現在のレイヤ]に切り替える。

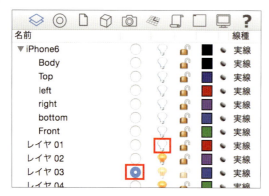

▲図ip01_08

⑧Frontビューを1画面表示にする。これから、本体背面をカットするための曲線を作成していく。 [曲線メニュー:自由曲線>制御点指定/Curve]を実行し、次数が3になっていることを確認する。グリッドスナップをオンにし、下図を参考にY=0の位置からスタートして、4ポイントで曲線を作成する。

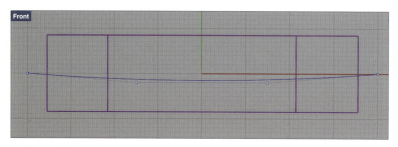

▲図ip01_09

⑨曲線に僅かな膨らみを付けるため、 [編集メニュー:制御点>制御点表示オン/PointsOn]を押す。中央の2つのポイントを選択し、一番カーブが深い部分の曲線が原点より1mm下がるように、ナッジキー(option + ↑ キー)を使用して曲線を微調整する。

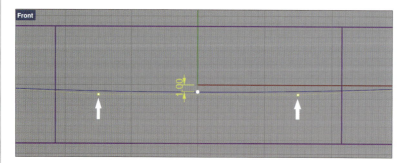

▲図ip01_10

> **Tips**
>
> オブジェクトを選択して option +矢印キーを押すと、初期設定では、0.2モデル単位(このモデルでは、0.2mm)移動できるようになっている。 ⌘ + option +矢印キーでは0.05モデル単位、 ⌘ + option +矢印キーでは2モデル単位移動できる。移動距離は変更することができる。これらのキーで移動することをナッジ(nudge:軽くつくこと)と言う。微小距離の移動には[Move]コマンドや、ガムボールより手軽に移動できる、ナッジキーについての詳細はヘルプを参照のこと。

⑩曲線自体をZ方向に移動するため、[編集メニュー:制御点>制御点表示オフ/PointsOff]にして、曲線を選択する。[ガムボール]をオンにし、Y軸上をクリックして「-1.5(mm)」を入力し、Y方向の下に移動する。余白をクリックして曲線の選択を解除し、[ガムボール]はオフにしておく。

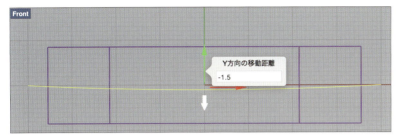

▲図ip01_11

参照モデル●iPhoneCase2015.3dm＞レイヤ04

⑪4画面表示に切り替える。[サーフェスメニュー:曲線を押し出し>直線/ExtrudeCrv]を選択する。先ほど作成した曲線を選択し、enterキーを押す。[両方向]にチェックを入れ、押し出しの距離を「80」(本体より長い距離)に設定してenterキーを押す。

▲図ip01_12　　　▲図ip01_13

参照モデル●iPhoneCase2015.3dm＞レイヤ05

⑫[ソリッドメニュー:差/BooleanDifference]を選択する。[差演算をする元のサーフェス〜]として本体をクリックしてenterキーを押し、次に[差演算に用いるサーフェス〜]として後に作成したサーフェスを選択してenterキーを押すと、本体の下部がサーフェスによって削除された形状が作成される。

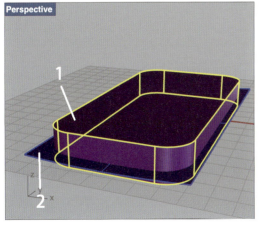 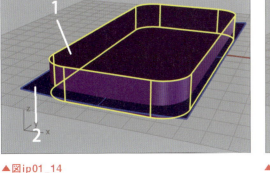

▲図ip01_14　　　　　　　　　　　▲図ip01_15

Tips

ブーリアンの差演算をサーフェスで行う場合、差演算に用いるサーフェスのどちら側を削除するかはサーフェスの持つ向きによって異なる。今回、曲面サーフェスの向きが上を向いていたので、本体上側のオブジェクトが残っている。逆に、サーフェスの向きが下を向いていれば、本体下側のオブジェクトが残ることとなる。サーフェスの向きは[解析メニュー:方向/Dir]コマンドで確認・変更することができる。

▲図ip01_16

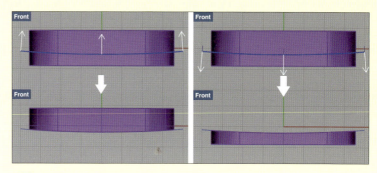
▲図ip01_17

参照モデル ● iPhoneCase2015.3dm＞レイヤ0

7-2 本体を入れる穴をあける

作成したベース形状と別のソリッドで差のブール演算を行い、iPhone本体が装着されるスペースを確保する。ここでは、2回差のブール演算を行う。

① [レイヤ01]を[現在のレイヤ]にし、[レイヤ02]と[レイヤ03]を非表示にする。

▲図ip02_01

② [Top]ビューで、[曲線＞オフセット＞曲線をオフセット]を選択し、[オフセットする曲線を選択:]にて初めに作成した本体の曲線を選択する。[距離]＝1.5と入力し、[コーナー:]が[ラウンド]になっていることを確認後、マウスを内側にドラッグして任意の位置でクリックする。

▲図ip02_02

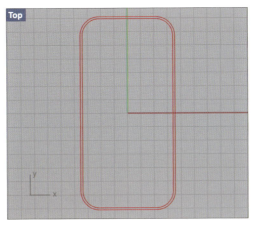

▲図ip02_03

③ 続けて、enterキーを押して[曲線をオフセット]コマンドを繰り返す。同様に[オフセットする曲線]として一番外側の曲線を選択して[距離]＝4.0と入力し、マウスを内側にドラッグしてクリックする。

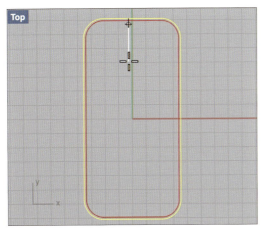

▲図ip02_04

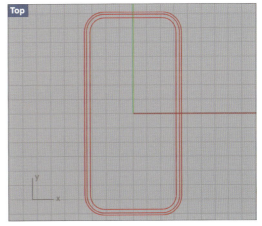

▲図ip02_05

参照モデル●iPhoneCase2015.3dm＞レイヤ07

④[現在のレイヤ]を[レイヤ04]に切り替える。

⑤ [ソリッドメニュー:平面曲線を押し出し>直線/ExtrudeCrv]を選択し、[押し出す曲線を選択:]にて一番内側の曲線を選択して[enter]キーを押す。[押し出し距離]=15、[両方向]のチェックは外し、[ソリッド]にチェックが付いていることを確認して[enter]キーを押す。

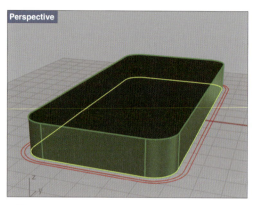

▲図ip02_06　　▲図ip02_07

参照モデル ● iPhoneCase2015.3dm>レイヤ08

⑥[現在のレイヤ]を[レイヤ05]に切り替える。

⑦[enter]キーを押して[ExtrudeCrv]コマンドを再実行する。[押し出し距離]=8に変更して、他はそのままの設定で[enter]キーを押す。

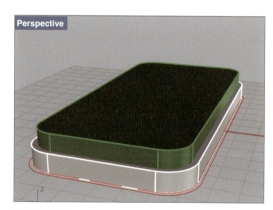

▲図ip02_08

⑧Frontビューに切り替えて[ガムボール]をオンにする。押し出した2つのオブジェクトを囲んで選択し、Y軸上をクリックして「-1(mm)」と入力する。[ガムボール]はオフにしておく。

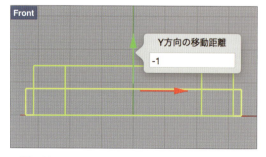

▲図ip02_09

参照モデル ● iPhoneCase2015.3dm>レイヤ09

⑨ [レイヤ02]を[現在のレイヤ]に切り替え、[レイヤ01]と[レイヤ05]を非表示にする。

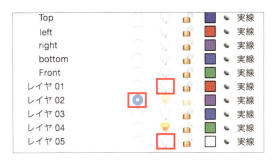

▲図ip02_10

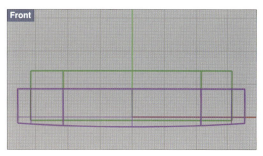

▲図ip02_11

⑩ [ソリッドメニュー:差/BooleanDifference]を選択する。[差演算をする元のサーフェス〜]として[レイヤ02]の本体をクリックして enter キーを押し、次に[差演算に用いるサーフェス〜]として[レイヤ04]のオブジェクトを選択して enter キーを押す。本体に縦方向に穴が開けられる。

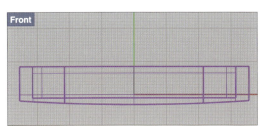

▲図ip02_12

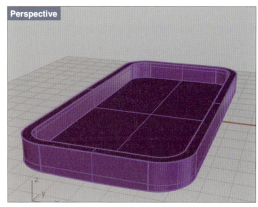

▲図ip02_13

参照モデル ● iPhoneCase2015.3dm>レイヤ10

⑪ [レイヤ05]を表示させる。

⑫ [ソリッドメニュー:差/BooleanDifference]を選択する。[差演算をする元のサーフェス〜]として[レイヤ02]の本体をクリックして enter キーを押し、次に[差演算に用いるサーフェス〜]として[レイヤ05]のオブジェクトを選択して enter キーを押す。本体上部に縁取りが付けられ、横方向に穴が開けられる。

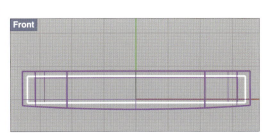

▲図ip02_14

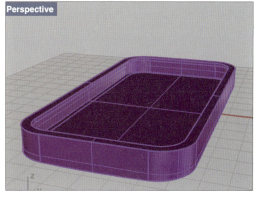

▲図ip02_15

参照モデル ● iPhoneCase2015.3dm>レイヤ11

Tips

Perspectiveビューで、[ビューメニュー：テクニカル]に変更して、形状を確認するとよいだろう。

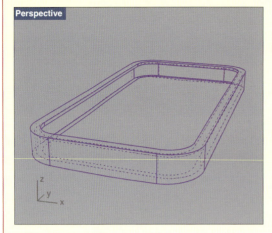

▲図ip02_16

7-3

Starting Rhino with Mac

背面に穴をあける

iPhone本体のカメラやロゴを見せるためとデザインとしての穴を背面部に作成する。細かい2次元のドローイングを行い押し出して多数のソリッドを作成し、差のブール演算で多数の穴を作成する操作を理解する。

① [iPhone6]レイヤを表示し、サブレイヤの [bottom]レイヤを[現在のレイヤ]にする。[レイヤ02]は非表示にする。

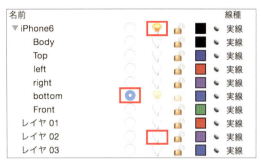
▲図ip03_01

② [曲線メニュー:オフセット>曲線をオフセット/Offset]を実行する。オフセットする曲線として、中央の大きな円(Appleマークの部分)をクリックして enter する。[距離]=5(mm)と入力し、外側にマウスをドラッグしてオフセット曲線を作成する。コマンドを enter キーで再実行し、小さな円(カメラ・ライトの部分)は[距離]=1(mm)にてそれぞれオフセットを行う。

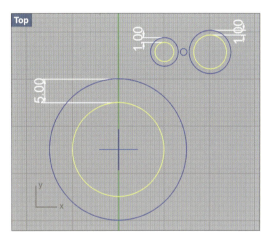
▲図ip03_02

③ [レイヤ04]を[現在のレイヤ]に変更する。作成したオフセット曲線を3つ選択し、[レイヤ04]のラベル上を右クリックして、コンテキストメニューから[オブジェクトをこのレイヤに移動]を選択する。

▲図ip03_03

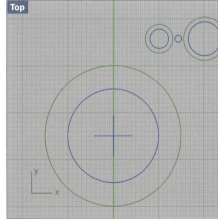
▲図ip03_04

参照モデル ● iPhoneCase2015.3dm>レイヤ12

④[iPhone6]レイヤを非表示にし、Topビューで小さいほうの穴2つが大きく見えるようにビューを拡大する。

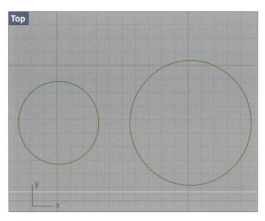

▲図ip03_05

⑤[曲線メニュー:直線>2つの曲線上の接点指定/Line（接点>2曲線）]を選択し、2つの円に接線をひくように、[1つ目の曲線を選択]で左側の円の上部、[2つ目の曲線を選択]で右側の円の上部をクリックすると、円をつなぐ接線が作成される。

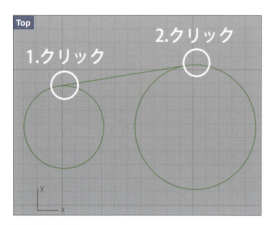

▲図ip03_06

⑥続けて、[enter]キーを押して先ほどのコマンドを再実行する。今度は円の下部をクリックして、同様に接線を作成する。

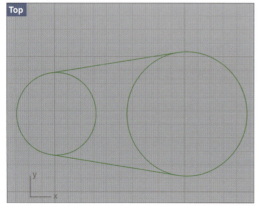

▲図ip03_07

参照モデル●iPhoneCase2015.3dm>レイヤ13

⑦ ![icon] [編集メニュー:トリム/Trim]を選択し、[切断オブジェクト]として今作成した2本の接線を選択、[enter]キーを押す。次に[トリムするオブジェクト]として、内側の円弧2つをクリックしていく。内側の円弧が削除される。

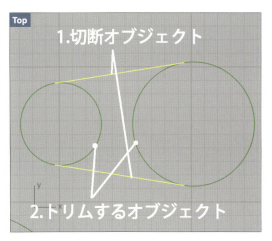

▲図ip03_08

⑧すべての曲線を選択し、![icon] [編集メニュー:結合/Join]を選択して1本の曲線に結合する。

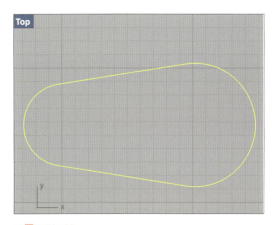

▲図ip03_09

参照モデル ● iPhoneCase2015.3dm>レイヤ14

⑨[iPhone6]レイヤを表示して、[bottom]サブレイヤは非表示にする。[レイヤ05]を[現在のレイヤ]に切り替える。[レイヤ04]はロックしておく。

▲図ip03_10

⑩Topビューで、[曲線メニュー:円>中心、半径指定/Circle]を選択し、[円の中心:]として「-30,-65」と座標値を入力してenterキーを押す。続けて、[半径]=2.5を入力し、[決定]を押す。

▲図ip03_11

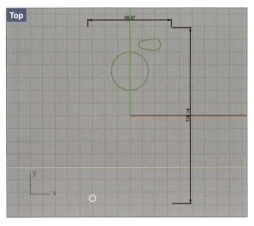
▲図03_12

⑪[ガムボール]をオンにし、optionキーを押しながらX軸をクリックする。数値を「5(mm)」と入力する。optionキーによってコピーが行われる。続けて、今度はそのままY軸をクリックする。数値を「5(mm)」と入力する。

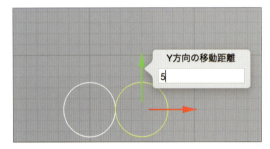
▲図03_13

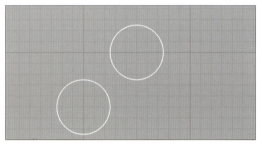
▲図03_14

参照モデル●iPhoneCase2015.3dm>レイヤ15

⑫[変形メニュー:配列>矩形/Array]を選択して2つの円を囲んで選択し、[配列するオブジェクト]として2つの円を選択する。続けて、[X方向の数]=7、[Y方向の数]=10、[Z方向の数]=1、と入力し、それぞれenterキーを押す。最後に[ユニットセルまたはX方向の間隔]=10、[Y方向の間隔]=10に設定し、プレビュー画面を確認して、よければenterで決定する。

▲図03_15

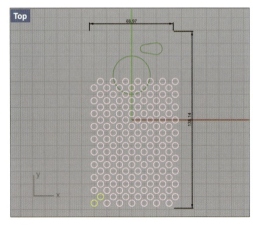
▲図03_16

参照モデル●iPhoneCase2015.3dm>レイヤ16

⑬[レイヤ02]を表示させ、ロックしておく。

⑭iPhoneの形状を見ながら、穴をランダムに削除していく。コーナーや、[レイヤ04]の穴にかかる部分も削除する。

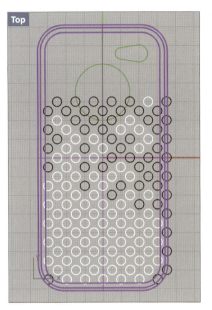
▲図03_17

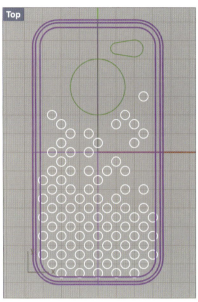
▲図03_18

参照モデル ● iPhoneCase2015.3dm＞レイヤ17

⑮[レイヤ05]のすべての円オブジェクトを囲んで選択し、レイヤパレットの[レイヤ04]ラベル上を右クリックして[オブジェクトをこのレイヤに移動]を選択する。[レイヤ04]を[現在のレイヤ]にする。

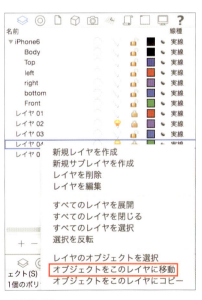
▲図03_19

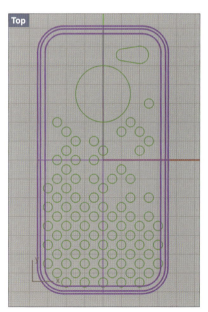
▲図03_20

⑯ 🔲 [ソリッドメニュー:平面曲線を押し出し＞直線/ExtrudeCrv]を選択し、[押し出す曲線]として[レイヤ04]の曲線をすべて選択して[enter]キーを押す。[押し出し距離]=10を入力して[enter]キーを押す。

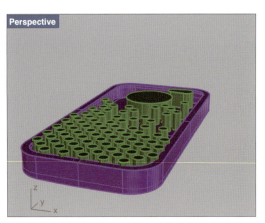

▲図03_21
参照モデル●iPhoneCase2015.3dm>レイヤ18

⑰Frontビューにて押し出したオブジェクトをすべて選択する。[ガムボール]をオンにして、Y軸をクリックし、「-5(mm)」と入力して、穴が本体を貫通するように移動する。

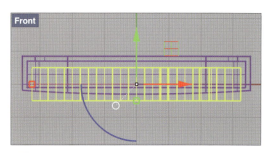

▲図03_22

⑱[現在のレイヤ]を[レイヤ02]にし、ロックを解除しておく。🔘[ソリッドメニュー:差/BooleanDifference]を選択し、[差演算をする元のサーフェス]として本体を選択して[enter]、[差演算に用いるサーフェス]として[レイヤ04]の押し出したサーフェスをすべて囲んで選択して[enter]キーを押す。

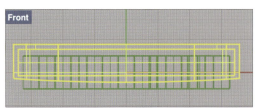
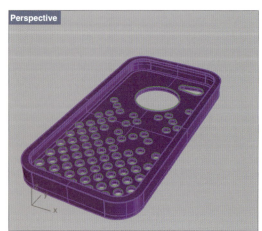

▲図03_23 ▲図03_24
参照モデル●iPhoneCase2015.3dm>レイヤ19

⑲[レイヤ04]は非表示にしておく。

7-4 側面に穴をあける

Starting Rhino with Mac

iPhone本体のスイッチや端子の穴を確保するために、Front、Right、Bottomビューに2次元のドローイングを行い、ソリッドを作成して差のブール演算で穴を作成する操作を理解する。

①[iPhone6]レイヤを表示し、サブレイヤの[left]、[right]、[Front]も表示させる。これらは、電源ボタンや音量調節などのボタン類の位置となるレイヤである。今まで使用した機能を使用しながら、これらのボタン類が見えるような穴となるような曲線を作成・配置していく。[現在のレイヤ]を[レイヤ05]に切り替え、[レイヤ02]を非表示にしておく。

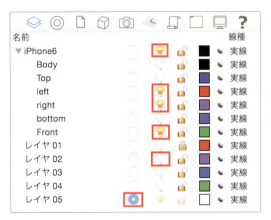
▲図04_01

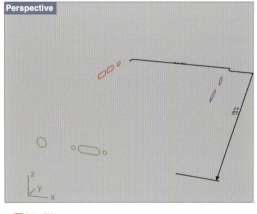
▲図04_02

②ビューを切り替えながら[曲線>オフセット>曲線をオフセット]、[曲線メニュー:長方形>2コーナー指定>ラウンドコーナー]、[曲線>コーナーをフィレット]などの機能を使用して曲線を作成後、[ガムボール]を使用してボタン類の位置に近い所まで移動させる。押し出して穴をあけるためのものなので、大体の位置でよい。

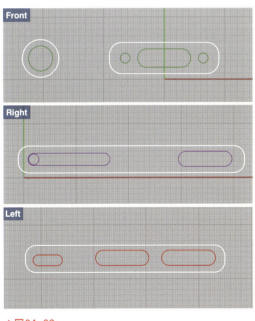
▲図04_03

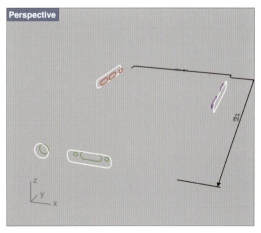
▲図04_04

参照モデル●iPhoneCase2015.3dm>レイヤ20

③[iPhone6]レイヤを非表示にする。Topビューで、■[ソリッドメニュー:平面曲線を押し出し>直線/ExtrudeCrv]を実行し、[left]レイヤの位置に作成した曲線を選択する。[押し出し距離]=10、[両方向]にチェックを入れる。

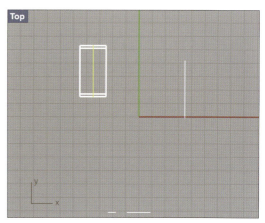

▲図04_05

④同様に、[enter]キーを押して押し出しのコマンドを再実行し、残りの[right]、[Front]の曲線も押し出しを行う。[レイヤ02]を表示し、本体を貫通しているか確認しておく。

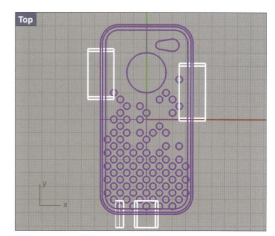

▲図04_06

参照モデル●iPhoneCase2015.3dm>レイヤ21

⑤■[ソリッドメニュー:差/BooleanDifference]を実行し、[差演算をする元のサーフェス～]として本体をクリックして[enter]キーを押し、次に[差演算に用いるサーフェス～]として[レイヤ05]の押し出しを行ったオブジェクトをすべて選択して[enter]キーを押すと、穴をあけることができる。

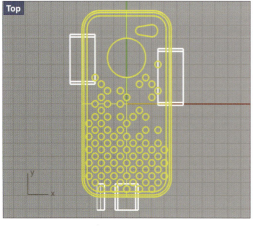

▲図04_07　　　　　　　　　　　　　　　　▲図04_08

参照モデル●iPhoneCase2015.3dm>レイヤ22

⑥[現在のレイヤ]を[レイヤ02]にし、[レイヤ05]は非表示にしておく。

7-5 フィレットをかける

iPhoneケースのエッジ部分や多数の穴部分に、適当な大きさのフィレットを作成する操作を理解する。

① [ソリッドメニュー:エッジをフィレット＞エッジをフィレット/FilletEdge]を選択する。[フィレットするエッジを選択]にて、[次の半径]＝1になっていることを確認し、下図のように内側の縁になっている2本の外周エッジと背面の外周エッジの計3本のエッジを、エッジを一部分選択→[チェーンエッジ]をクリックして残りのエッジを選択→enterキー、の操作を繰り返してすべて選択する。

▲図05_01

▲図05_02

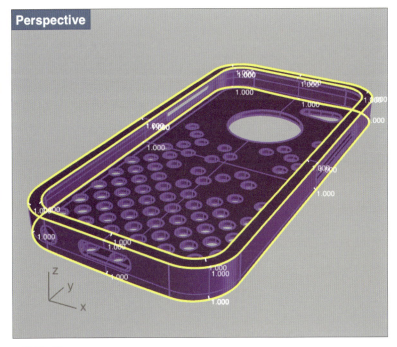
▲図05_03

参照モデル●iPhoneCase2015.3dm＞レイヤ23

②3本すべて選択したら、[enter]キーを押すと[編集するフィレットハンドルを選択]のコマンドに移るが、そのまま[enter]キーを押し、フィレットを完成させる。

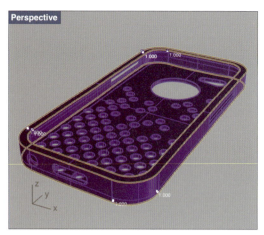
▲図05_04

▲図05_05

③再度[enter]キーを押して[エッジをフィレットコマンド]を実行し、[次の半径]=0.5に変更する。[フィレットするエッジを選択]にて、Frontビューで下図のようにドラッグして背面表側の穴部分をすべて選択する。

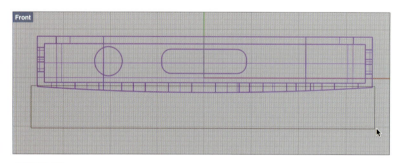
▲図05_06

④Perspectiveビューで背面の穴をすべて選択できているかを確認したら[enter]キーを押す。そのまま変更せずに再度[enter]キーを押して、フィレットを完成させる(環境によっては少し時間がかかる場合がある)。

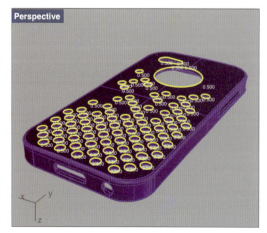
▲図05_07

▲図05_08

⑤最後に、同様の手順で側面の穴に対しても外側のみ[半径]=0.5のままでフィレットをかける。

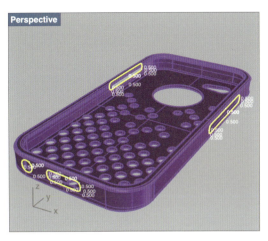

▲図05_09

⑥Perspectiveビューを右クリックして、[シェーディング]を[レンダリング]表示等に切り替えて見てみよう。

▲図05_10

参照モデル ● iPhoneCase2015.3dm＞Final

※ダウンロードモデルでは電源穴を追加し、普段使用しない部分の開口部を小さく修正しております。

7-6 3Dプリンターに出力する

①［ファイルメニュー：選択オブジェクトをエクスポート］を選択し、iPhoneCase本体を「STL」形式にて［エクスポート］する。

②STLメッシュのオプション画面で、［許容差］に「0.05」を入力し、矢印をクリックしてオプションを拡張する。
※許容差は、ご利用の3Dプリンターの精度に合わせて設定してください。

▲図06_01

③オプションを下記の設定に変更して、［OK］を押す。次に開くオプションも、バイナリのまま［エクスポート］を押す。

▲図06_02

④［ファイルメニュー：新規作成］→［ファイルメニュー：インポート］にて、先ほど出力した.stlファイルをデフォルトの設定のまま読み込み、形状を確認する。

▲図06_03

参照モデル●iPhoneCase2015.3dm＞STL

第8章
キャラクターのモデリング

Starting Rhino with Mac

〔達成目標〕
本章では、キャラクターのモデリングを通じて以下の操作を習得する。

- 感覚的なモデリング
- サーフェスのリビルド
- サーフェスの制御点を表示して、制御点の移動による形状編集
- オブジェクトの回転・移動・ミラー操作の習熟

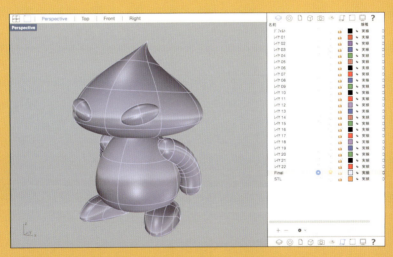

参照モデル:Character2015.3dm

8-1 ガイドラインの作成

キャラクターをモデリングするときの"あたり"となる最大の外形線を、数値入力により矩形で作成する。

①Rhinocerosを起動し、起動画面右下にある［テンプレートを表示］をクリックする。標準テンプレートの［Small Objects - Milimeters］を選択し、ダブルクリックする（「5-1 テンプレートからRhinoモデルを開く」参照）。

②Rightビューを1画面表示にする。 ［曲線メニュー:長方形＞中心、コーナー指定/Rectangle］を選択し、［長方形の中心］=0、［もう一方のコーナーまたは長さ］=90、［幅］=120と入力し、[enter]キーを押す。

▲図ch01_01

③ ［ビューメニュー:ズーム＞ダイナミックに/Zoom］を使用して長方形の全体が見えるように、マウスをクリック＆ドラッグしてズームアウトする。長方形を選択し、[shift]キーを押しながら底辺の高さが0になるよう、上方向に移動する。

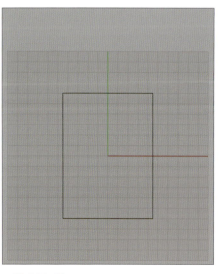

▲図ch01_02

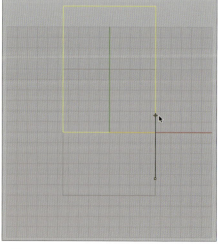

▲図ch01_03

> **Tips**
> ガムボールを使用して、上に60mm、移動してもよい。

④グリッドが長方形に対して一部足りなくなるので、[ファイルメニュー:設定]のグリッドページにて、[グリッド線数]=120に変更する。🔍[ビューメニュー:ズーム>全体表示/Zoom]を行っておく。

▲図ch_01_04

参照モデル●Character2015.3dm>デフォルトレイヤ

⑤レイヤパネルにて、[レイヤ01]のチェックボックスを押して、[現在のレイヤ]に変更する。次に、[デフォルト]レイヤの鍵のアイコンを押して、編集できないようにロックする。

▲図ch_01_05

8-2 自由曲線による頭と胴体の作成

キャラクターの輪郭線を、少ない制御点で意図した形に曲線を作成する方法を理解する。

①キャラクターの頭のための曲線を作成する。[曲線メニュー:自由曲線＞制御点指定/Curve]を実行し、次数が3になっていることを確認する。

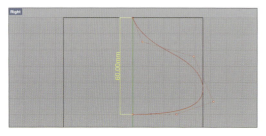

▲図ch02_01

②Rightビューにて、ガイドラインと下図を参考にしながら、中心ラインで回転するよう、上から60mmの範囲に顔の断面となる曲線を、クリックしながら作成する。このとき、目安として制御点が6ポイントくらいになるようにするとよいだろう。

▲図ch02_02

③作成したラインを選択し、[編集メニュー:制御点＞制御点表示オン/PointsOn]をクリックして作成後の制御点を編集する。この際、首側の中心およびその隣の制御点の2点は、必ず水平になるようにする。

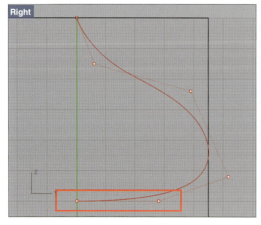

▲図ch02_03

> **Tips**
> 曲線を描くときは、最初からきれいに描こうとせず、とりあえず大まかな形状の曲線を作成しよう。次に制御点を移動して形を整えていこう。

④ [編集メニュー:制御点>制御点表示オフ/PointsOff]を押して、制御点をオフにする。

⑤ 続けて、[曲線メニュー:自由曲線>制御点指定/Curve]を実行し、体の曲線も作成していく。下図を参考に、頭の曲線と少し重なるような位置から始める。また、後に足を作成するので、下はガイドラインぎりぎりではなく、7〜8mm開けておく。作成後、[編集メニュー:制御点>制御点表示オン/PointsOn]をクリックして、作成後の制御点を編集する。この際、先ほどと同様に曲線の開始と終了の制御点およびその隣接点は、それぞれ水平になるようにしておく。

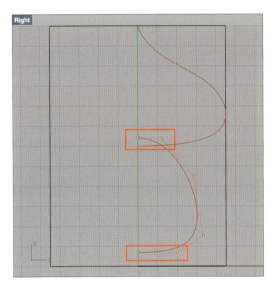

▲図ch02_04

⑥ [編集メニュー:制御点>制御点表示オフ/PointsOff]を押して、制御点をオフにする。

参照モデル ● Character2015.3dm>レイヤ01

⑦ レイヤパネルで、[レイヤ02]のチェックボックスを押して、[現在のレイヤ]に切り替える。

▲図ch02_05

⑧ [サーフェスメニュー:回転/Revolve]を選択し、[回転する曲線を選択]にて、先ほど作成した曲線を2本とも選び、enterで決定する。回転軸の[始点]および[終点]として、RightビューでY=0の緑の中心線上に、任意の長さの直線をshiftキーを押しながらクリックして作成する。

▲図ch02_06

⑨続けて、[開始角度]をコマンドボックスの[360度]ボタンを押して指定する。

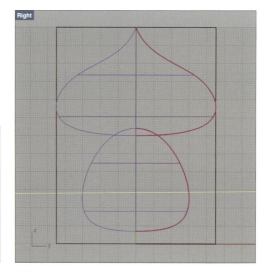

▲図ch02_07　　　　▲図ch02_08

参照モデル ● Character2015.3dm>レイヤ02

⑩[レイヤ]パネルで[レイヤ01]レイヤを非表示にし、[レイヤ03]を[現在のレイヤ]にする。[レイヤ02]は鍵のアイコンをクリックしてロックする。Perspectiveビューに切り替え、シェーディング表示（⌘＋control＋Sキー）に切り替えて形状を確認する。

▲図ch02_09

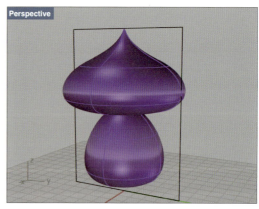

▲図ch02_10

8-3 サーフェスのリビルドと制御点の編集その1（足の作成）

サーフェスも曲線同様に制御点を持つ。楕円球を作成した後、3次の異なる制御点の数のサーフェスにリビルド（再構築）したのち、制御点を移動して形を変形する方法を理解する。

①4画面表示に切り替える。

②足の元になる楕円体を作成していく。🔘［ソリッドメニュー：だえん球＞中心から/Ellipsoid］を選択し、Frontビューで［だえん球の中心:］として原点をクリックする。続けて、［1つ目の軸の終点］としてX方向に12mmの位置をクリック、［2つ目の軸の終点］としてY方向に10mmの位置をクリックする（図ch03_01）。

③そのまま続けてTopビューに移り、［3つ目の軸の終点］として、画面Y方向に31mmの位置でクリックする（図ch03_02）。

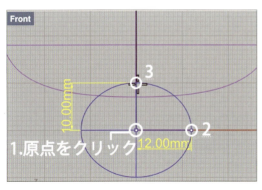
▲図ch03_01

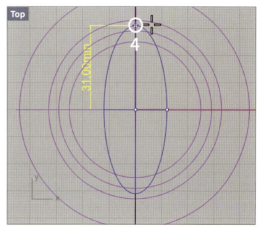
▲図ch03_02

参照モデル ● Character2015.3dm＞レイヤ03

Tips

楕円球の作成中にグリッド以外で値を確認したい場合は、マウスをドラッグしながら画面右下にある座標を確認するとよいだろう。作成中のオブジェクトの座標値と、相対値を表示してくれている。

▲図ch03_03

④[ガムボール]を有効にし、楕円球を選択する。Frontビューで、ガムボールの緑のY軸上をクリックし、開いた[Y方向の移動距離]にて「10(mm)」と入力する。

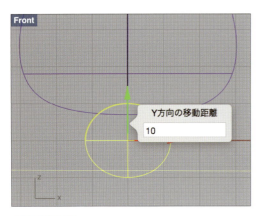

▲図ch03_04

⑤続けて、ガムボールのX軸上をクリックし、[X方向移動距離]にて「20(mm)」と入力する。

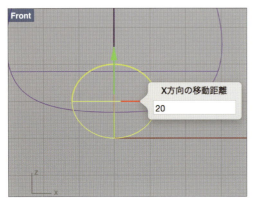

▲図ch03_05

参照モデル ● Character2015.3dm＞レイヤ04

⑥[ガムボール]をオフにし、Perspectiveビューで位置を確認する。いったん、[デフォルトレイヤ]および[レイヤ02]も非表示にしておく。

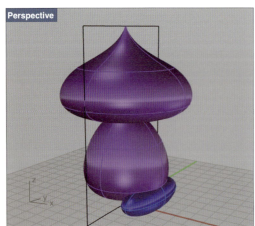

▲図ch03_06　　　　▲図ch03_07

⑦ 🏃[編集メニュー:リビルド/Rebuild]を選択し、楕円球をクリックして[enter]キーを押す。開いたオプションで、以下のように3次・8ポイントのサーフェスに制御点を変更する。プレビューを押して確認し、[OK]を押す。

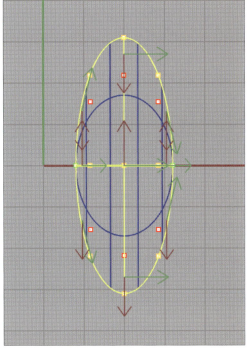

▲図ch03_08　　▲図ch03_09

参照モデル ● Character2015.3dm＞レイヤ05

Tips

リビルド（再構築）とは、選択された曲線またはサーフェスのデータ構造を、指定された次数と制御点の数を持つように再定義することである。楕円体は、U方向、V方向の次数が"2"、U方向の制御点の数が"8個"、V方向の制御点の数が"5個"で構成されている。このデータ構造を、U方向、V方向の次数が"3"、制御点の数をそれぞれ、"8個"で再構築していることを示している。U方向、V方向については、後の章で説明する。

▲図ch03_10

Tips

作成したビューによってオブジェクトの持つ軸の向きが異なるため、リビルド後の結果が異なる場合があるので、注意が必要である。

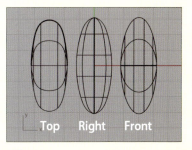

▲図ch03_11

⑧ [編集メニュー:制御点>制御点表示オン/PointsOn]をクリックして足の制御点を表示する。Rightビューにて、下図のように中心点を含む下半球の点を選択する。

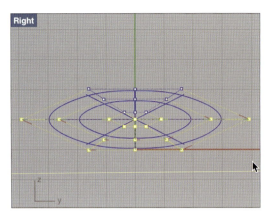

▲図ch03_12

⑨ [変形メニュー:XYZを設定/SetPt]を行うと、オプション画面が開く。[Yを設定]以外のチェックを外し、[作業平面に並列]にして、[点の設定]を行う。Rightビュー上でのY方向(縦方向)にポイントが一列に整列したままドラッグ可能な状態になっているので、[Y=0]の位置でクリックする。

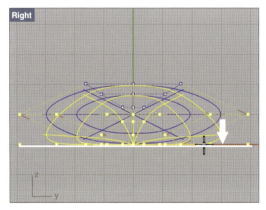

▲図ch03_13　　▲図ch03_14

上半分の頂点は、すべて囲んで少し下に移動させる。また、一列ずつ囲んで微調整する。

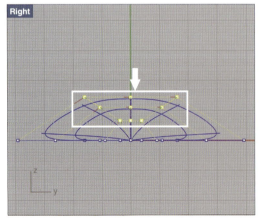 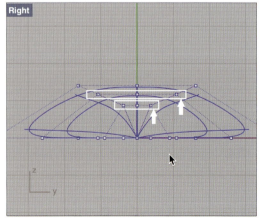

▲図ch03_15　　　　　　　　▲図ch03_16

⑩左側(キャラクタの前側)がふくらみ、右側(キャラクタの後ろ側)が低くなるよう、3ポイントずつ囲んで選択し、図を参考に移動する。

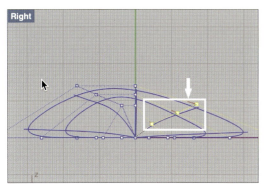
▲図ch03_17

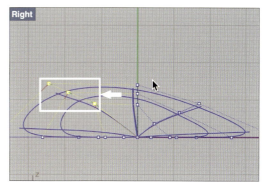
▲図ch03_18

⑪中央のポイントは少し左に移動した後、[変形メニュー:回転/Rotate]を使用してやや回転させる。

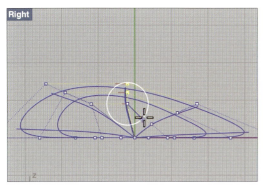
▲図ch03_19

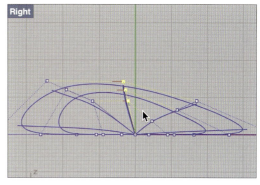
▲図ch03_20

参照モデル ● Character2015.3dm＞レイヤ07

⑫ [編集メニュー:制御点＞制御点表示オフ/PointsOff]を押して、制御点をオフにする。

⑬Topビューで変形した足を回転させる。[変形メニュー:回転/Rotate]を選択し、[回転するオブジェクト]として足を選択、enterで決定後、[回転の中心]として足の中心部(だいたいの位置でよい)をクリックする。続けて、[角度または1つ目の参照点]として「15」度を入力する。

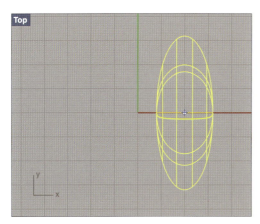
▲図ch03_21

▲図ch03_22

参照モデル ● Character2015.3dm＞レイヤ08

⑭ [変形メニュー:ミラー/Mirror]を選択し、足を選択して決定する。対象軸(ミラー平面)の始点・終点として、TopビューのY軸上の任意の2点を shift キーを押しながらクリックする。

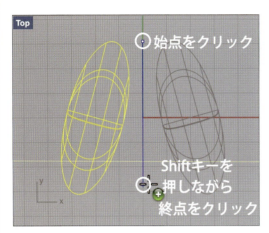

▲図ch03_23

参照モデル ● Character2015.3dm>レイヤ09

8-4 サーフェスのリビルドと制御点の編集その2（頭の変形）

回転サーフェスで作成した頭部分を、3次の異なる制御点の数のサーフェスにリビルド（再構築）したのち、制御点を回転移動して形を変形する方法を理解する。

①非表示にしてあった[レイヤ02]を表示させ、レイヤのロックも解除する。[編集メニュー:リビルド/Rebuild]を選択し、頭をクリックする。足と同様、3次・8ポイントでリビルドを行う。

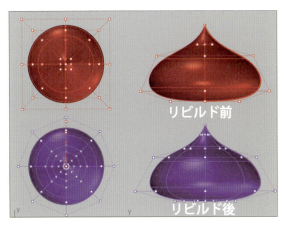
▲図ch04_01

▲図ch04_02

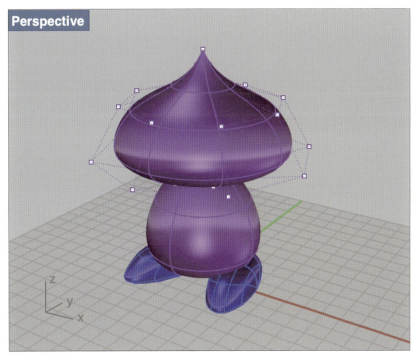
▲図ch04_03

参照モデル● Character2015.3dm＞レイヤ10

②Rightビューを1画面表示にし、[編集メニュー:制御点>制御点表示オン/PointsOn]で制御点を表示させる。一番上のポイントを右に移動し、その下のポイント列も囲んで移動して下図のように形を変形する。

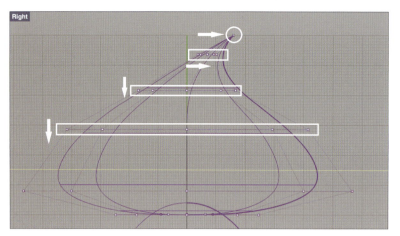
▲図ch04_04

③[変形メニュー:回転/Rotate]を選択し、平行になっている制御点を一列ずつ選択し、顔のラインに沿うように回転させる。

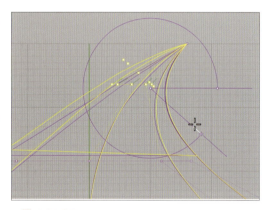

▲図ch04_05　　　　　　　　　　　　▲図ch04_06

参照モデル ● Character2015.3dm>レイヤ11

④Perspectiveビューで確認する。

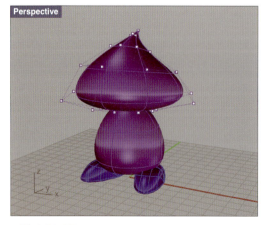

▲図ch04_07

8-5 単純な3次元カーブによる腕の作成

3つの制御点から構成される曲線を作成し、Rightビュー、Frontビューで移動と変形を行い、パイプコマンドで腕の形を作成する方法を理解する。

①[レイヤ04]を[現在のレイヤ]にし、[レイヤ02][レイヤ03]をロックする。

②Rightビューで、[曲線メニュー:自由曲線＞制御点指定/Curve]を実行し、下図のように腕の中心となる曲線を3ポイントで作成する。

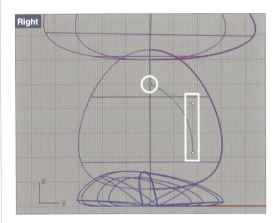

▲図ch05_02
参照モデル●Character2015.3dm＞レイヤ12

③Frontビューで、肩の付け根の位置まで移動する。

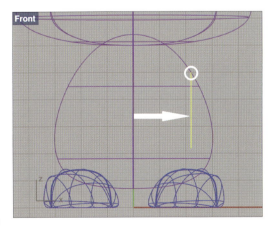

▲図ch05_03
参照モデル●Character2015.3dm＞レイヤ13

④ [編集メニュー:制御点>制御点表示オン/PointsOn]で制御点を表示させる。Frontビューで見て体に沿うように下図の2ポイントを外側に移動する。 [編集メニュー:制御点>制御点表示オフ/PointsOff]を押して制御点をオフにする。

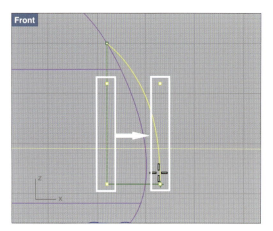

▲図ch05_04

参照モデル ● Character2015.3dm>レイヤ14

⑤ [レイヤ05]を[現在のレイヤ]に切り替える。

▲図ch05_05

⑥ [ソリッドメニュー:パイプ/Pipe]を実行し、[パイプの中心線を選択]にて腕の曲線を選択する。[開始半径:]=8と入力、[キャップ:ラウンド]に変更して[enter]、続けて[終了半径:]もそのまま[enter]キーを押す。最後に[次の半径を指定する点:]は特に指定せずそのまま[enter]キーを押す。

 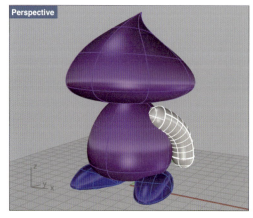

▲図ch05_06　　　▲図ch05_07

参照モデル ● Character2015.3dm>レイヤ15

⑦ [変形メニュー:ミラー/Mirror]を選択し、腕を選択して enter キーを押す。Frontビューで対象軸（ミラー平面）の始点・終点として、体の中心線上の任意の2点を、 shift キーを押しながらクリックする。

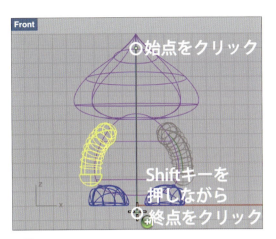

▲図ch05_08

参照モデル ● Character2015.3dm>レイヤ16

8-6 目の作成

楕円球で作成したソリッドの移動・回転を異なるビューで行い、適切な位置に配置する操作を理解する。

①[レイヤ02]と[レイヤ03]のロックを解除しておく。頭以外のオブジェクトをすべて選択して、[編集メニュー:表示>非表示/Hide]にていったん非表示にし、[ビューメニュー:ズーム>全体表示(すべてのビューポート)/Zoom]をクリックして全体表示を行う。

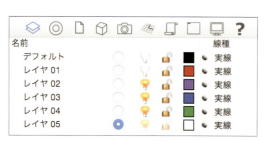
▲図ch06_01

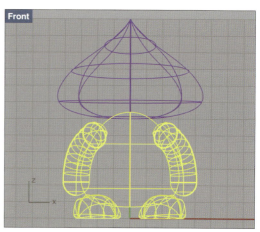
▲図ch06_02

②[ソリッドメニュー:だえん球>中心から/Ellipsoid]を選択し、下図を参考に、Frontビュー→Topビューの順で下図の位置に目を作成する。

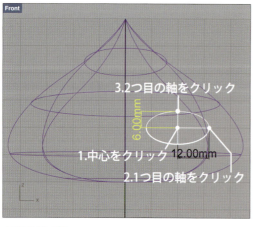
▲図ch06_03

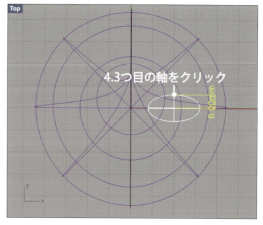
▲図ch06_04

参照モデル ● Character2015.3dm>レイヤ17

③［ガムボール］を有効にし、Topビューで顔の前面に移動する（参考値:Y=-37）。

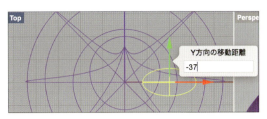

▲図ch06_05

④ [変形メニュー:回転/Rotate]を選択し、Frontビューで回転の中心として楕円球の中心付近をクリック、その後角度として「24」を入力する。

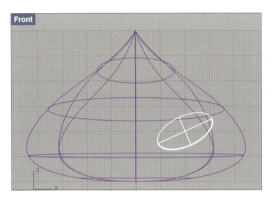

▲図ch06_06

参照モデル●Character2015.3dm＞レイヤ18

⑤オブジェクトスナップで［中心点］にチェックを入れる。 [変形メニュー:回転/Rotate]を選択し、Topビューでマウスを楕円球に合わせると、回転の中心として［中心点］にスナップするので、一度クリックする。回転角度として「28」を入力する。

▲図ch06_07

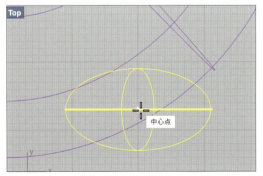

▲図ch06_08

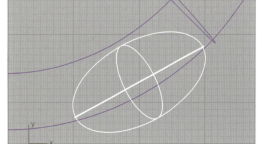

▲図ch06_09

参照モデル●Character2015.3dm＞レイヤ19

⑥同様の方法で、Rightビューでも[中心点]にスナップさせる。シェーディング表示したTopビューで顔に沿っているか確認をしながら、Rightビューで任意に回転させる。

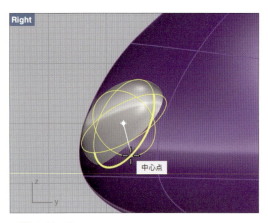

▲図ch06_10

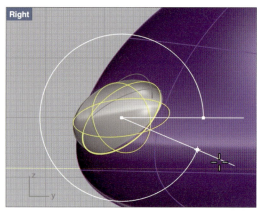

▲図ch06_11

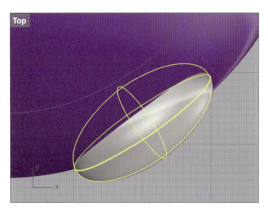

▲図ch06_11

参照モデル ● Character2015.3dm＞レイヤ20

Tips

ここでは、2次元的に回転するコマンドを、TopビューとRightビューで行い3次元の回転を行ったが、回転コマンドには[変形メニュー:3D回転/Rotate3D]という、3D空間で回転するコマンドがある。3次元の操作に慣れてきたらこちらのコマンドを使えば、操作は少なくてすむ。

⑦ [変形メニュー:ミラー/Mirror]を選択し、Frontビューで顔の中心を対象軸として目をミラーコピーする。

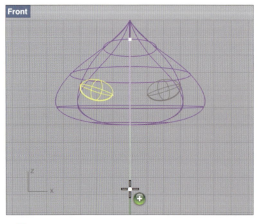

▲図ch06_12

参照モデル ● Character2015.3dm＞レイヤ21

⑧ [編集メニュー:表示＞表示/Show]を選択して、非表示にしてあったオブジェクトをすべて表示する。

8-7 ブール演算によるオブジェクトの結合

①［レイヤ04］を非表示にし、［レイヤ02］［レイヤ03］のロックを解除しておく。

デフォルト			■	実線
レイヤ 01			■	実線
レイヤ 02			■	実線
レイヤ 03			■	実線
レイヤ 04			■	実線
レイヤ 05	●		□	実線

▲図ch07_01

②作成した各パーツを、ブール演算によって1つのオブジェクトに合成しておく。［ソリッドメニュー：和/BooleanUnion］を選択し、すべてのオブジェクトをドラッグして選択後、enter キーを押す。

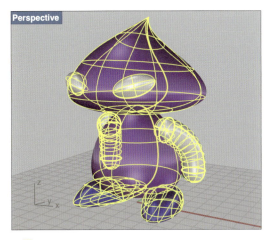

▲図ch07_02

③目や腕など、重なっていた内部の部分が削除され、1つのオブジェクトになっていることを確認する。

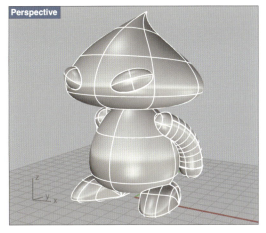

▲図ch07_03

参照モデル ● Character2015.3dm>レイヤ22

8-8 3Dプリンターに出力する

①[ファイルメニュー:選択オブジェクトをエクスポート]を選択し、キャラクターを「STL」形式にて[エクスポート]する。

②STLメッシュのオプション画面で、[許容差]に「0.05」を入力し、矢印をクリックしてオプションを拡張する。
※許容差は、ご利用の3Dプリンターの精度に合わせて設定してください。

▲図ch08_01

③オプションを下記の設定に変更して、[OK]を押す。次に開くオプションも、バイナリのまま[エクスポート]を押す。

▲図ch08_02

④[ファイルメニュー:新規作成]→[ファイルメニュー:インポート]にて、先ほど出力した.stlファイルをデフォルトの設定のまま読み込み、形状を確認する。

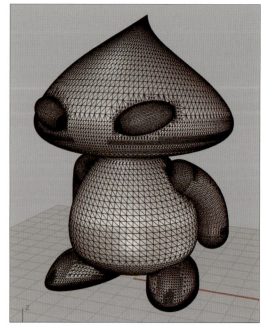

▲図ch08_03

参照モデル●Character2015.3dm＞レイヤSTL

第9章
テーブルのモデリング

Starting Rhino with Mac

〔達成目標〕
本章では、テーブルのモデリングを通じて以下の操作を習得する。

- ✓ 接線円弧による2次元ドローイング
- ✓ オブジェクトの環状配列を行う
- ✓ オブジェクトの回転配置を行う
- ✓ ガムボールによるオブジェクトの複製配置
- ✓ 複数の曲線間からロフトサーフェスを作成する
- ✓ モデルの縮小を行う

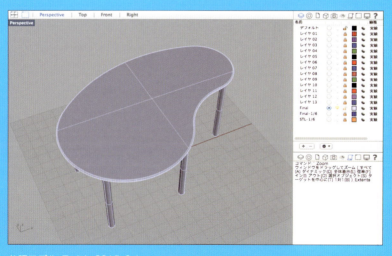

参照モデル:Table2015.3dm

9-1 Starting Rhino with Mac

9 参考モデルファイルから開く

テーブルのモデリング

3次元の寸法やデザイン要件が指示されたモデルを開き、モデリングイメージを作っておく。

①[9Table]フォルダの[Table2015.3dm]をダブルクリックしてモデルを開く

デフォルトレイヤには、長方形と円、そして寸法が書き込まれた初期画面が表示される。このモデリングでは、決められた大きさの中にテーブルを作成する。Topビューから見ると、160cm×120cmの矩形内にそれぞれ、半径30cm、50cmの円が配置されている。Frontビューから見ると高さは70cmである。

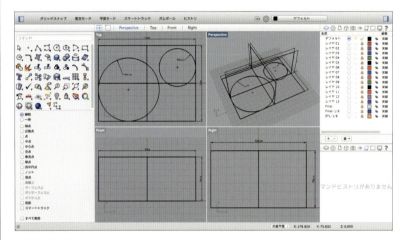

▲図ta01_01

9-2
Starting Rhino with Mac

テーブルの外形線を作成する

テーブルの外形線を完成させるため、用意されてある2つの円と長方形の枠線の内側に接線円弧を作成する。

① [曲線メニュー：円弧＞曲線との接点指定/Arc]を選択する

[Arc]コマンドのダイアログが表示され、[1つ目の接曲線：]と表示されるので、大きな円の左上の部分をクリックする。次に[2つ目の接曲線または半径：]と表示されるので、小さな円の右上の部分をクリックする。

▲図ta02_01

▲図ta02_02

最後に[3つ目の接曲線。最初の2点から円を作成する場合はEnterを押します。：]と表示されるので、矩形の上の直線部分をクリックする。すると[円弧を選択：]と表示されるので、図ta02-04を参考に、作成したい円弧をクリックする。

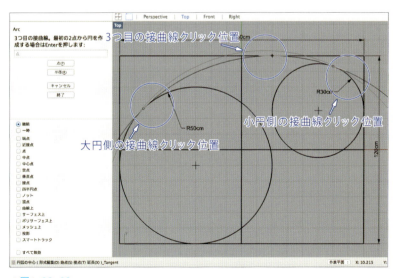
▲図ta02_03

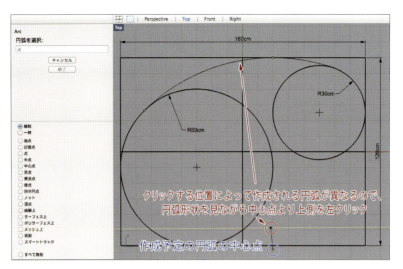

▲図ta02_04

② [曲線メニュー:円弧>接点、接点、半径指定/Arc]を選択する

先ほどのコマンドのように、コマンドを実行するとダイアログが表示され、[1つ目の接曲線:]で大円右下、[2つ目の接曲線:]で小円左下を指定すると、最後に半径の入力を聞いてくる。ここでは「47」と入力している。

> **Tips**
>
> 接線円弧を作成する際は、接曲線を選択する段で、クリックする位置に気を付けよう。このモデルでは「大円は左上」、「小円は右上」とクリックすると望んだ形に作成されるが、試しに「大円は右下」、「小円は左下」とクリックして、どのように円弧が作成されるかを見てみるとよいだろう。
>
>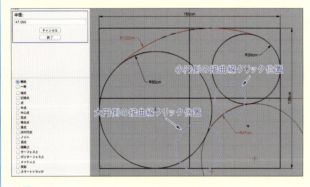
>
> ▲図ta02_05
>
>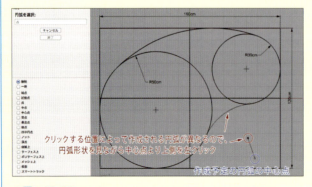
>
> ▲図ta02_06
>
> 参照モデル ● Table2015.3dm>レイヤ01

9-3 脚の位置決定とテーブル外形線の作成

2つの円から構成されたテーブルに対して適切な位置に、脚を配置するためのオブジェクトスナップを利用した適切な位置への回転配置、曲線のトリムと結合等の操作を理解する。

① [曲線メニュー:オフセット>曲線をオフセット/Offset]を選択する

脚の位置を決めるため、2つの円の内側にオフセット曲線を作成する。コマンドボックスに、[距離]=5と入力してから、円を選択する。ビューポート上でマウスを動かし、円の内側をクリックする。内側にオフセットされた円が作成されるので、もう片方の円も同じようにオフセットする。

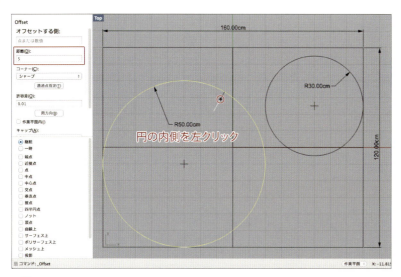

▲図ta03_01

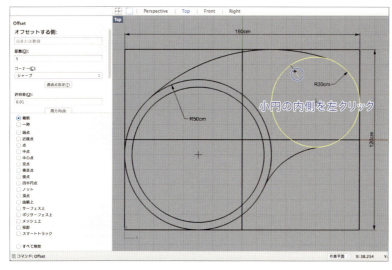

▲図ta03_02

参照モデル ● Table2015.3dm>レイヤ02

②オブジェクトスナップのメニューで［中心点］にチェックを入れる

▲図ta03_03

③ ✏️ ［曲線メニュー：直線＞線/Line］を選択する

2つの円の中心点同士を結んだ直線を描く。［直線の始点］で円にマウスカーソルを近づけると、中心点にスナップされるので、その状態で左クリック、［直線の終点］でもう片方の円にマウスカーソルを近づけ、中心点にスナップさせて左クリックする。

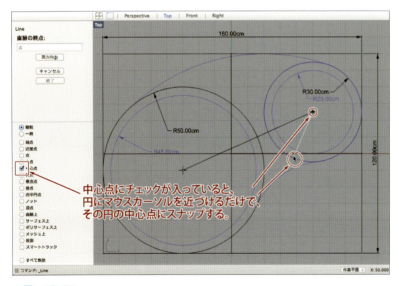

▲図ta03_04

④［交点］にチェックを入れる

▲図ta03_05

> **Tips**
> オブジェクトスナップは、もう一度クリックすることで解除する。オブジェクトスナップをたくさん指定してしまうと解除が面倒になる。このときは、[option]キーを押しながらチェックすると、チェックしたオブジェクト以外のスナップを解除できる。スナップを不要なオブジェクトにもチェックを入れてしまうと、意図しないオブジェクトにスナップしてしまう場合があるので、必要最低限にしておくとよいだろう。

⑤ [曲線メニュー:円>中心、半径指定/Circle]を選択する

脚を押し出しで作成するため、押し出し用の円を作成する。[円の中心]は9-3の①でオフセットした円と、2つの円の中心点同士を結んだ直線の交点にマウスをスナップさせて左クリック、[半径]=2.5と入力して[enter]キーを押す。もう片方の円との交点にも作成する。

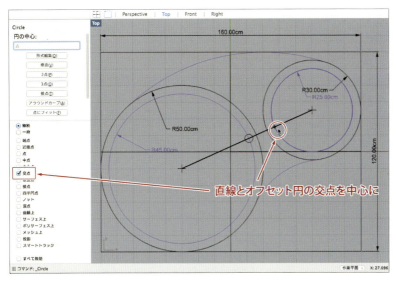

▲図ta03_06

参照モデル ● Table2015.3dm>レイヤ03

⑥ [変形メニュー:配列>環状/ArrayPolar]を選択する

このモデルでは、脚の部分の円を、大きな円では4つ、小さな円では3つ、中心に対して環状に配列コピーする。コマンドを実行し、配列するオブジェクトを選択]で大きな円の脚の円を左クリックし、[enter]キーを押す。

▲図ta03_07

次に、環状配列するときの中心点を聞いてくるので、オブジェクトスナップを［中心点］に切り替え、円の中心をクリックする。

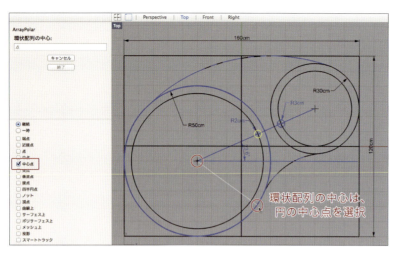

▲図ta03_08

次にダイアログ中で、配列する数と回転角度を指定する。［アイテムの数］=4と入力し[enter]、［回転角度または1つ目の参照点］では「360」と入力し[enter]、［設定がよければEnterを押します］で、ビュー上に配置予想図が表示されるので、均等に4つ配置されていることを確認して[enter]キーを押して確定する。

▲図ta03_09A   ▲図ta03_09B

Tips
回転角360度の意味は、360度回転した中に、指定した数のオブジェクトを均等に配置するという意味である。また回転角の指定は、回転開始角と終了角度をマウスでクリックすることにより感覚的に指定することもできる。

同じように、小さな円に対して［アイテムの数］=3と指定して、円を配置しておく。

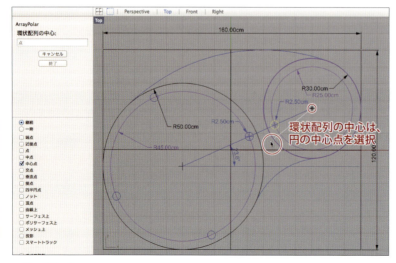

▲図ta03_10

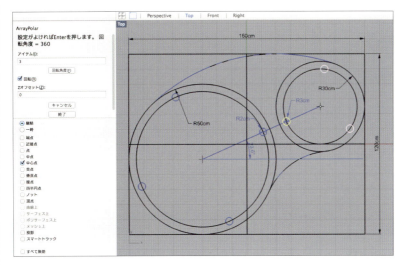

▲図ta03_11

参照モデル●Table2015.3dm＞レイヤ04

⑦ [変形メニュー:回転/Rotate]を選択する

環状配列で脚の円を配置したが、そのままの位置だと天板の形状に対してバランスが少しよくないので、下の図を参考に、回転させて脚の円の位置をずらす。回転コマンドを実行し、ダイアログのメッセージに従い回転する大きい円の4つの円を選択してenterキーを押す。

▲図ta03_12

▲図ta03_13

回転の中心を聞いてくるので、大きな円の中心点をクリックする。

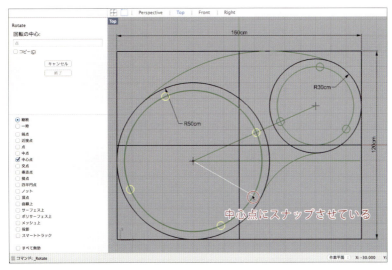

▲図ta03_14

9 テーブルのモデリング

次に、参照点を聞いてくるので、オブジェクトスナップ［中心点］を解除してから、ビュー上の任意の1点をクリック（どこを指定してもよいが、ここでは回転の中心から右方向の点を指定）する。

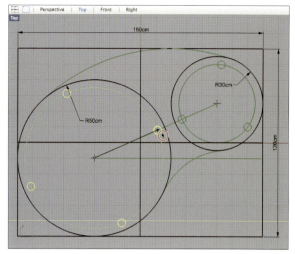
▲図ta03_15

最後に、2つめの参照点を聞いてくるのでマウスカーソルを回転する方向に移動すると（まだクリックしない）、4つの円が回転されるので、適当な位置への回転が確認されたら、クリックする。

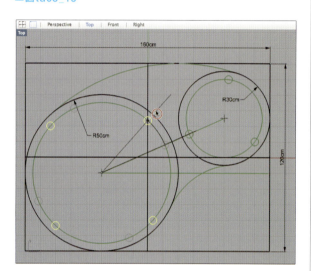
▲図ta03_16

同じ手順で、小円側の3つの円も回転する。適当な位置に配置できたら、中央付近の脚の円と、中央を横切る補助直線は使わないので削除する。

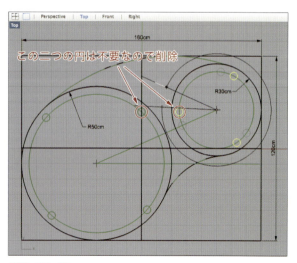
▲図ta03_17

参照モデル ● Table2015.3dm＞レイヤ05

⑧ [編集メニュー:トリム/Trim] を選択する

大円と小円のいらない部分を、大円と小円を繋いでいる円弧で切り落とす。コマンドを実行すると、ダイアログで、[切断オブジェクトを選択]と聞いてくるので、2つの円弧を選択する。次に、[トリムするオブジェクトを選択]と聞いてくるので、2つの円の削除したい部分を順番にクリックする。2箇所削除したら、enterキーを押して確定する。

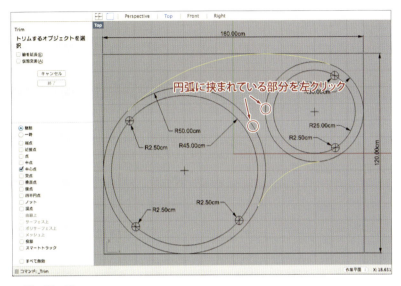
▲図ta03_18

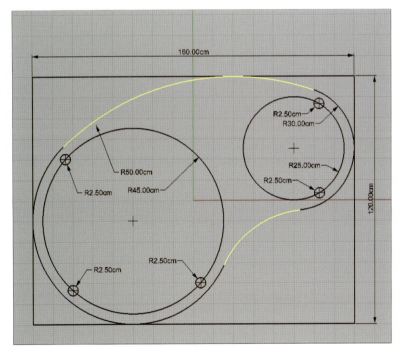
▲図ta03_19:トリムされた状態

参照モデル ● Table2015.3dm>レイヤ06

⑨ [編集メニュー:結合/Join]を選択する

［結合するオブジェクトを選択］で、2本の円弧とトリムして残った2本の円弧を選択して、閉じた1つの曲線にする。また、中央のオフセットした2つの円や寸法線など、不要な線や補助線も邪魔なようならば削除する。

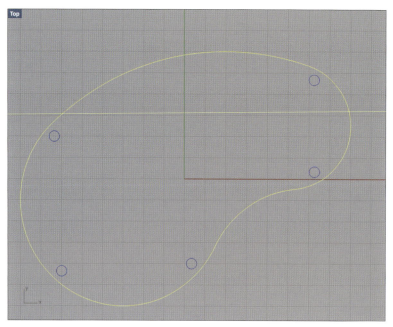

▲図ta03_20

参照モデル ● Table2015.3dm＞レイヤ07

9-4 テーブルの外形線を基に天板を作成する

テーブルの外形線と、そのオフセット曲線を立体的に配置し、天板をソリッドとして作成する方法を理解する。

① ガムボールをアクティブにしておく

結合したテーブルの外形線から厚みを付けて、天板を作成する。テーブルの高さは70cmと決まっている。ここでは厚さ3cmの天板を作成するために、テーブル外形線Z方向に3本複製配置する。ガムボールアクティブにした状態で、テーブル外形線を選択し、青い矢印を、option キーを押しながら左クリックする。Z方向の移動距離を指定する入力エリアが現れるので、数値を入力して enter キーを押す。

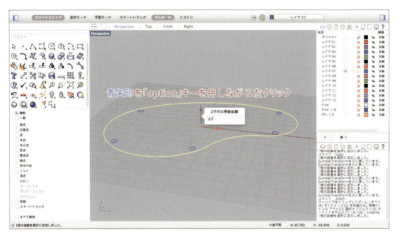

▲図ta04_01

Z方向に67cm移動したところに、テーブル外形線が複製配置される。

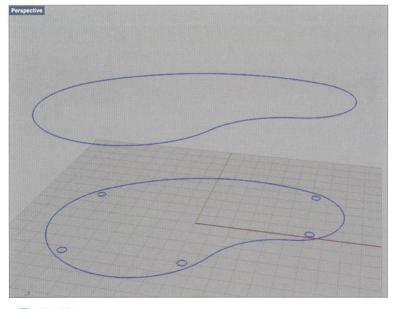

▲図ta04_02

同じようにして、ガムボールで、Z方向に68cm、70cmの高さの位置に曲線を複製配置する。

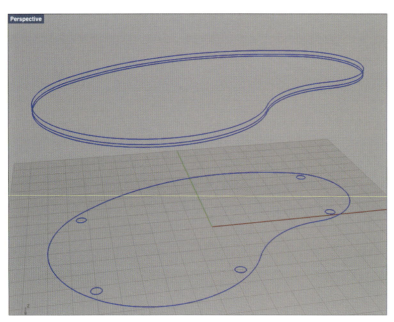

▲図ta04_03

参照モデル ● Table2015.3dm＞レイヤ09

> **Tips**
> オブジェクトの移動・複製は、いくつか方法がある。[Copy]コマンドを使用して移動する基点と、コピー先の点を指定する方法が一般的だが、XYZ方向にのみ移動・コピーする場合は、ガムボールを使用するとよいだろう。なお、ガムボールはスケールや回転もできる。詳細はヘルプを参照のこと。

② [曲線メニュー：オフセット＞曲線をオフセット/Offset]を選択する

コピーした3本の曲線のうち、1番下段の曲線のみを内側にオフセットする。コマンドボックスに、[距離]＝2と入力してから、下段の曲線を選択する。ビューポート上でマウスを動かし、曲線の内側をクリックする。オフセット元の曲線および移動前の曲線（Z=0）はいらないので削除する。

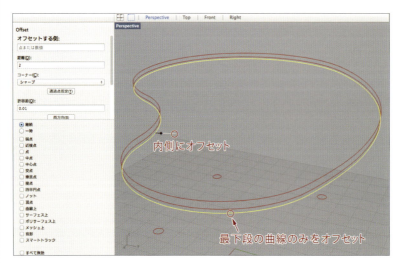

▲図ta04_03

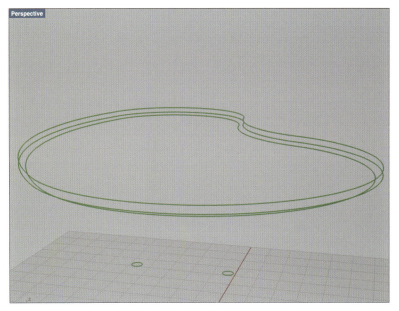

▲図ta04_04

参照モデル●Table2015.3dm>レイヤ10

③ [サーフェスメニュー:ロフト/Loft]を選択する

ロフトコマンドは複数のカーブから、サーフェスを作成するコマンドだ。ここでは天板の側面サーフェスを作成する。[ロフトする曲線を選択]で3本の曲線を上から順に左クリックし enter 、[シーム点をドラッグして調整]で enter 、すると「ロフトオプション」というウィンドウが表示されるので、以下の図を参考に、[スタイル]を「直線セクション」に指定して、ビューポート上で形状を確認したら[ロフト]ボタンを左クリック。

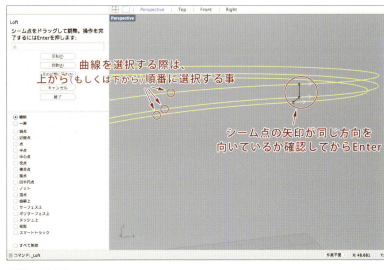

▲図ta04_05

> Tips
> [Loft]で面を作成する際、曲線を複数選択するが、曲線を左クリックする順番や、選択するマウスの位置によって作成される面形状が変わるので注意。

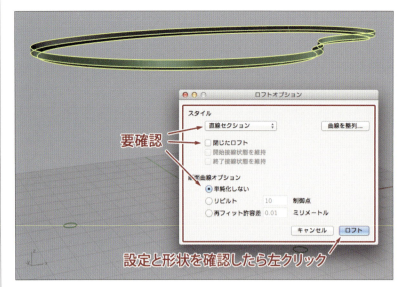

▲図ta04_06

参照モデル ● Table2015.3dm＞レイヤ11

Tips
ロフトオプションのスタイルは直線セクション、フリーフォーム等がある。ヘルプを確認の上、用途によって使い分けよう。

④ [ソリッドメニュー：キャップ/Cap] を選択する

　キャップコマンドは、開口部のエッジが平面にあるときに、平面サーフェスを作成するコマンドだ。天板の上面と底面に面を張り、閉じたポリサーフェスを作成する。[キャップするサーフェスまたはポリサーフェスを選択] で、9-4の③で作成した天板の側面を選択し enter キーを押す。

Tips
[Cap]で張れるサーフェスは、穴部のエッジ曲線が同一平面上にある平面曲線である必要がある。

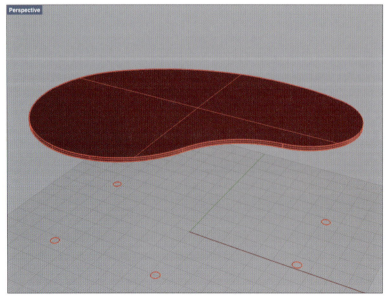

▲図ta04_07

参照モデル ● Table2015.3dm＞レイヤ12

9-5 脚の作成と天板との結合とフィレット作成

脚部分を押し出してソリッドを作成し、天板と和のブール演算で結合する。最後に天板のエッジ部分にフィレットを付ける。

① [ソリッドメニュー:平面曲線を押し出し>直線/ExtrudeCrv]を選択する

[ExtrudeCrv]コマンドは、曲線を直線的に押し出してサーフェスを作成するコマンドだ。テーブルの脚の円を押し出して脚を作成する。TopビューもしくはPerspectiveビューで、[押し出す曲線を選択]で5つの脚の円をすべて選択して[enter]、[押し出し距離]=68と入力し[enter]キーを押す。このとき、コマンドのオプションで、ソリッドの項目にチェックを入れておくと閉じたポリサーフェス(ソリッド)を作成する。

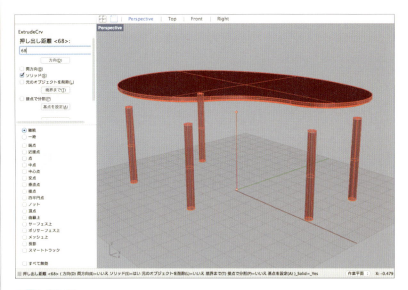

▲図ta05_01

> **Tips**
> 押し出し距離に「-」(マイナス)を付けると反対側に押し出される。

参照モデル ● Table2015.3dm>レイヤ13

② [ソリッドメニュー:和/BooleanUnion]を選択する

[BooleanUnion]コマンドは、オブジェクト同士を1つのソリッドとして作成するコマンドだ。天板と脚5本を合体させる。[和の演算を行うサーフェスまたはポリサーフェスを選択]で、天板と脚5本すべてを選択して[enter]キーを押す。

Tips

ブール演算を行うときは下図のように、オブジェクト同士が確実に交差するように配置しよう。

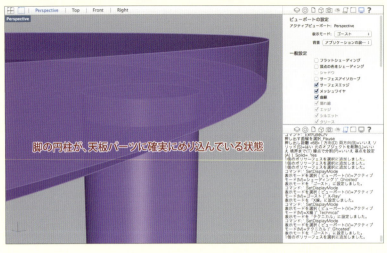

▲図ta05_02
参照モデル●Table2015.3dm＞レイヤ14

③ [ソリッドメニュー:エッジをフィレット＞エッジをフィレット/FilletEdge]を選択する

[FilletEdge]コマンドで天板のエッジ部を滑らかにする。[フィレットするエッジを選択]で[次の半径]=0.75と入力してから、天板のエッジ2つを左クリックし enter 、[編集するフィレットハンドルを選択]でコマンドエリアの[レールタイプ]をローリングボールにして enter キーを押し、変形を確定させる。

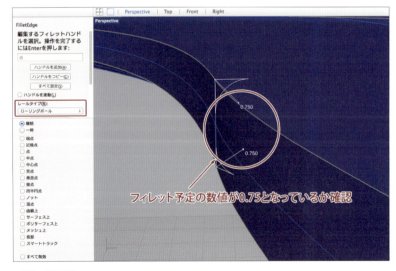

▲図ta05_03
参照モデル●Table2015.3dm＞Final

9-6
Starting Rhino with Mac

3Dプリンターで出力するための準備

このモデルは原寸でモデリングされている。小型の3Dプリンターでも出力できるように、スケールをかけてからSTL出力を行う。

① [変形メニュー:スケール>3Dスケール/Scale]を選択する

3Dプリンター出力用に、サイズを縮小したものを複製する。[スケールを変更するオブジェクトを選択。]でテーブルを選択し[enter]、[原点]で「0」と入力、[コピー]にチェックを入れて[enter]、[スケールまたは1つ目の参照点]で「1/6」と入力し[enter]を押せば、原点(0,0,0)を基点に、元の形状から1/6のサイズに縮小される。

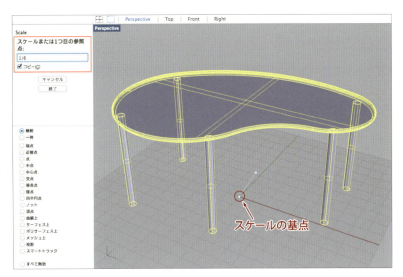

▲図ta06_01

参照モデル●Table2015.3dm>Final-1/6

②3Dプリンターに出力するために、STLデータに変換する

データの変換や出力方法は、第5章の「プレートのモデリング」を参考にする。STL出力時のパラメーターは下図のようにしている。

▲図ta06_02　　▲図ta06_03

③[ファイルメニュー：インポート]を選択する

たった今STL出力したテーブルの形状をRhino上で確認する。インポート画面が開くので、保存したSTLファイルを選択して［開く］をクリック、「STLインポートオプション」が開くので、こちらも第5章を参考に開き、形状を確認する。

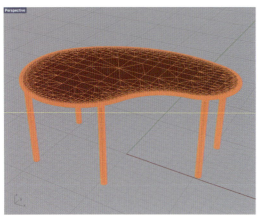

▲図ta06_04
参照モデル●Table2015.3dm＞STL-1/6

第10章
椅子のモデリング

Starting Rhino with Mac

〔達成目標〕
本章では、椅子のモデリングを通して以下の操作を習得する。

✓ 曲線に沿ったパイプ形状の作成
✓ レールに沿った回転サーフェスの作成
✓ オブジェクトを曲線に垂直に再配置
✓ 1レールスイープによる自由曲面の作成

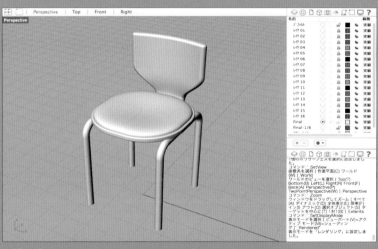

参照モデル:Chair2015.3dm

10-1 Starting Rhino with Mac

参考モデルファイルから開く

3次元の寸法やデザイン要件が指示されたモデルを開き、モデリングイメージを作っておく。

① [10Chair]フォルダの[Chair2015.3dm]をダブルクリックしてモデルを開く

デフォルトレイヤに、2つの長方形と寸法が書き込まれた初期画面が表示される。ここに用意されている寸法を目安に椅子をモデリングしていく。

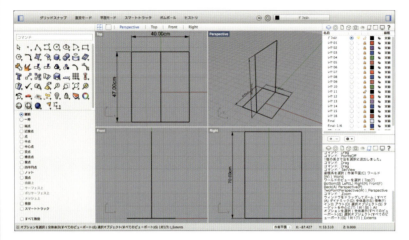

▲図ch01_01

② 新規レイヤを作成し、現在のレイヤに切り替える

レイヤ下部の[+]ボタンを押してレイヤを作成し、現在のレイヤに切り替える。以降、パーツが増えるタイミングで新規レイヤを作成し、前のパーツを非表示/ロックなどを行って作業がスムーズにできるように工夫していこう。

10-2 Starting Rhino with Mac

座面を作成する

Rightビューで作成した自由曲線を、Topビューの2次元カーブに沿って回転サーフェスを作成し、2次元カーブを押し出したサーフェスと結合したソリッドを作成する。

① [曲線メニュー:長方形>中心・コーナー指定/Rectangle]を選択する

まず座面の外形線として、原点(0,0,0)を基点とした角を丸めた正方形をTopビューで作成する。[長方形の中心]=0、[もう一方のコーナーまたは長さ]=40、[幅]でオプションのラウンドコーナーをクリックしてから enter 、[半径またはラウンドコーナーを通る点]=17を入力して enter キーを押す。

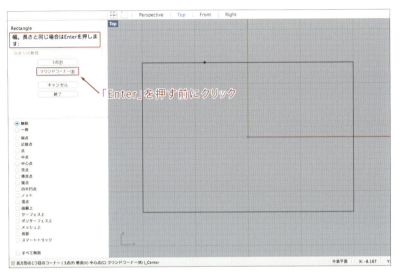

▲図ch02_01

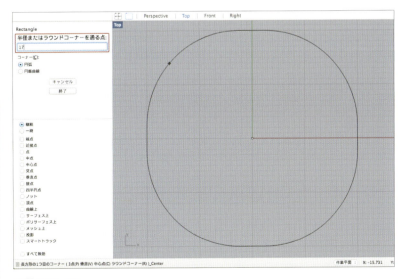

▲図ch02_02

② [曲線メニュー:自由曲線>制御点指定/Curve]を選択する

中央部を少し凹ませた座面形状にするための断面曲線をRightビューで作成。第6章のワイングラスでの断面曲線作成方法と、下図を参考に制御点を配置して断面曲線を作成する。

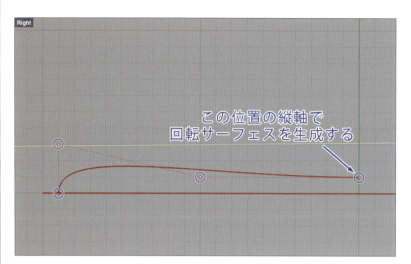

▲図ch02_03

参照モデル ● Chair2015.3dm>レイヤ01

> **Tips**
> 曲線はできる限り少ない制御点で描くようにしよう。

③ [サーフェスメニュー:レールに沿って回転/RailRevolve]を選択する

外形線と断面曲線を使用して、座面サーフェスを作成。[輪郭曲線を選択]で断面曲線を選択、[レール曲線を選択]で外形線を選択、[回転軸の始点]で0と入力し[enter]、[回転軸の終点]で(0,0,1)の座標を入力し[enter]キーを押す。

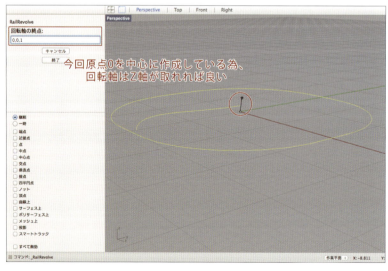

▲図ch02_04

参照モデル ● Chair2015.3dm>レイヤ02

▲図ch02_05

> **Tips**
> レール曲線と断面曲線は必ずしも接している必要はない。今回のケースのように、意図的に離して作成することも可能だ。

④ [サーフェスメニュー:曲線を押し出し>直線/ExtrudeCrv]を選択する

外形線を押し出して側面サーフェスを作成。[押し出す曲線を選択]で外形線を選択し[enter]、[押し出し距離]=-2と入力し[enter]キーを押す。

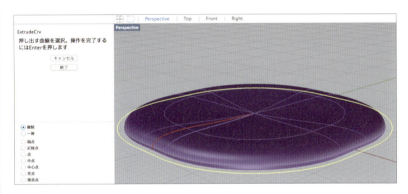

▲図ch02_06

⑤ [サーフェスメニュー:平面曲線から/PlanarSrf]を選択する

座面と側面の隙間を埋めるサーフェスと底面サーフェスを作成。[サーフェスを作成する平面曲線を選択]で、座面サーフェスのエッジと側面サーフェスの上下エッジを選択し[enter]キーを押す。

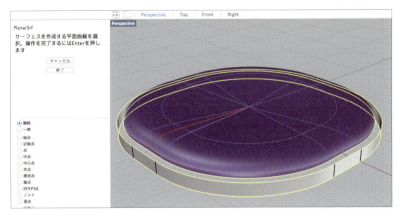

▲図ch02_07

参照モデル ● Chair2015.3dm>レイヤ03

⑥ [編集メニュー:結合/Join]を選択する

4つのサーフェスを結合して1つの閉じたポリサーフェスに。[結合するオブジェクトを選択]で、座面サーフェスと側面サーフェスと平面サーフェス2枚を選択。

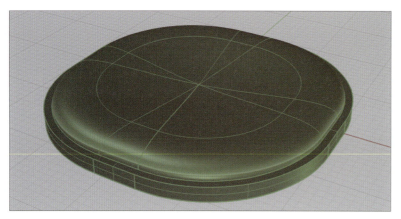

▲図ch02_08

⑦ガムボールを有効にして、結合した座面を選択する

座面を任意の高さまで移動させる。ガムボールの緑の矢印をクリックして「43.5」と入力し[enter]キーを押す。

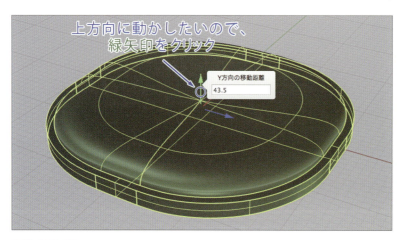

▲図ch02_09

⑧ [ソリッドメニュー:エッジをフィレット>エッジをフィレット/FilletEdge]を選択する

座面ポリサーフェスの角を丸める。[フィレットするエッジを選択]で[半径]=0.5に設定してから下図を参考にエッジを選択し[enter]、[編集するフィレットハンドルを選択]でもう一度[enter]キーを押す。

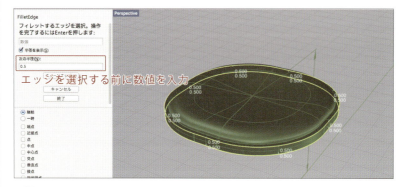

▲図ch02_10

参照モデル ● Chair2015.3dm>レイヤ04

10-3
Starting Rhino with Mac

脚を作成する

脚の中心部を通る曲線を作成し、[パイプ]コマンドを使用して脚部を作成する。

① [曲線メニュー:ポリライン>ポリライン/Polyline]を選択する

パイプコマンドで脚を作成するため、まずRightビューにて、中心線をポリラインで作成する。下図を参考に「コ」の字を90°回転させた形に描く。

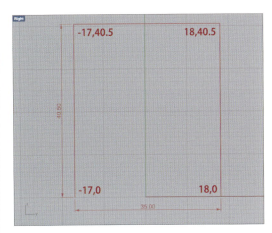

▲図ch03_01

参照モデル ● Chair2015.3dm>レイヤ05

② [曲線メニュー:コーナーをフィレット/FilletCorners]を選択する

角を丸めて中心線を完成させる。[フィレットするポリカーブを選択]で脚の中心線を選択し[enter]、[フィレットの半径]=5と入力し[enter]キーを押す。

参照モデル ● Chair2015.3dm>レイヤ06

③ [ソリッドメニュー:パイプ/Pipe]を選択する

パイプで脚を作成する。[パイプの中心線を選択]で脚の中心線を選択、[開始半径]=1.5と入力し[enter]、[終了半径]でもう一度[enter]、[次の半径を指定する点]でさらに[enter]キーを押す。

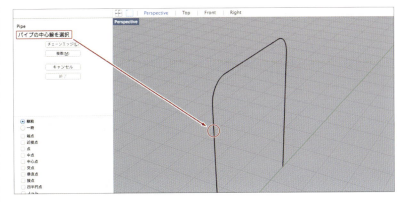

▲図ch03_02

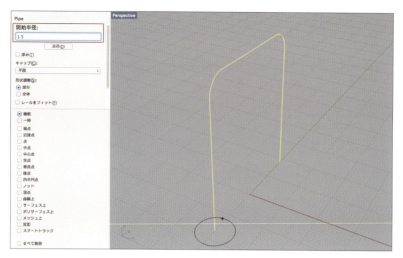

▲図ch03_03

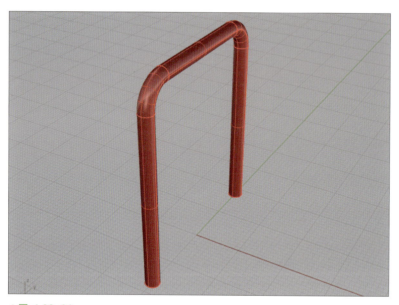

▲図ch03_04

参照モデル ● Chair2015.3dm＞レイヤ07

④ガムボールを有効にして、作成したパイプ脚を選択する

パイプ脚を2つに複製しつつ、任意の位置に配置する。ガムボールの赤い矢印を option キーを押しながらクリックし、入力窓に「17」と入力し enter 。もう一度元のパイプ脚を選択し、ガムボールの赤い矢印をクリックし、入力窓に「-17」と入力し enter キーを押す。

▲図ch03_05

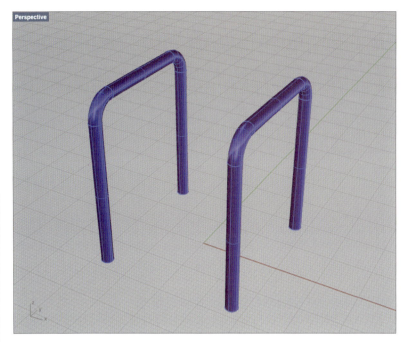

▲図ch03_06

参照モデル ● Chair2015.3dm＞レイヤ08

Tips
このモデルでは、直線的なカーブで脚の部分を作成しているが、自由曲線で描いてみてもよいだろう。

10-4 背もたれを作成する

背もたれの断面曲線を4つ作成し、[1レールスイープ]コマンドでサーフェスを作成し、開口部を[キャップ]コマンドで塞ぎソリッドを作成する。レールカーブの作成と断面曲線の配置の操作を理解する。

① [曲線メニュー:自由曲線>制御点指定/Curve]を選択する

背もたれを[1レールスイープ]コマンドで作成するため、まずレール曲線をRightビューで作成する。下図を参考に制御点を配置。

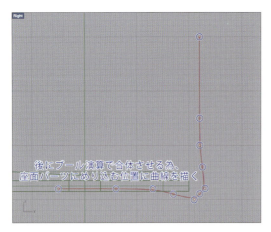

▲図ch04_01

参照モデル ● Chair2015.3dm>レイヤ09

② [曲線メニュー:円弧>始点、終点、半径指定/Arc]を選択する

背もたれサーフェスの断面曲線の基となる円弧を、Topビューで作成する。下図を参考に始点・終点をクリックし、[円弧の半径と向き]で半径「44」と入力し、方向を指示して作成。

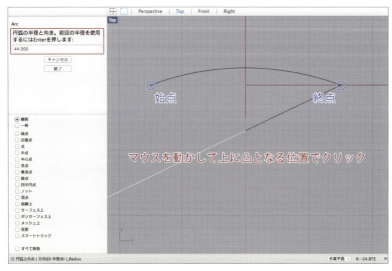

▲図ch04_02

参照モデル ● Chair2015.3dm>レイヤ10

③ 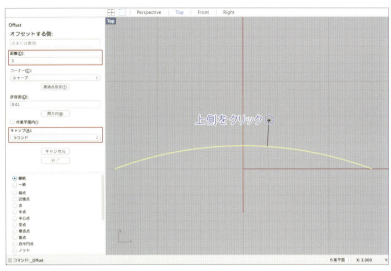[曲線メニュー：オフセット＞曲線をオフセット/Offset]を選択する

円弧をラウンドコーナーつきでオフセットする。[オフセットする曲線を選択]で、まず[距離]＝3と入力し[enter]、続けて[キャップ]の項目を「ラウンド」に設定してから円弧を左クリックし、下図のように上側をクリックしてオフセットする。

▲図ch04_03

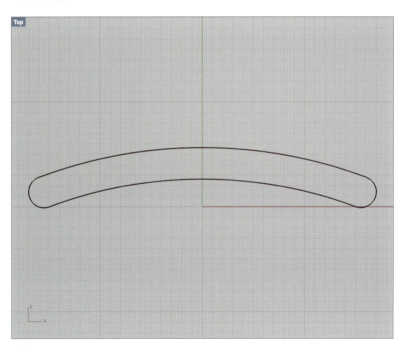

▲図ch04_04

参照モデル ● Chair2015.3dm＞レイヤ11

④ [曲線メニュー：長方形＞中心、コーナー指定/Rectangle]を選択する

背もたれサーフェスのもう1つの断面曲線として、角を丸めた長方形をTopビューで作成する。座面の外形線作成時と同様、[ラウンドコーナー]ボタンをクリックしてから、[長方形の中心]＝0、[もう一方のコーナーまたは長さ]＝14、[幅]＝3と指定し[enter]キーを押すと、[半径またはラウンドコーナーを通る点]では次図の位置をクリックするか、「1.5」と半径を指定する。

 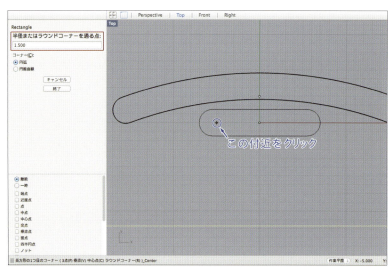

▲図ch04_05　　　　　　▲図ch04_06

参照モデル ● Chair2015.3dm＞レイヤ12

⑤ [変形メニュー：配置＞曲線に垂直/OrientOnCrv]を選択する

用意した断面曲線2種を、Perspectiveビューでレール曲線上に垂直に配置し直す（配置先となるレール曲線は制御点を表示しておき、さらにオブジェクトスナップの[点]と[中点]を有効にしておく）。[配置変更するオブジェクトを選択]でまずオフセットした円弧を左クリックし[enter]、[基点]で下図を参考に円弧の中点を左クリック、[オブジェクトを配置する曲線を選択]でレール曲線を左クリック、[曲線上の新しい基点]で[コピー]と[回転]にチェックを入れてから、図ch04_10のように一番上の制御点にスナップさせて左クリック、[角度または1つ目の参照点]=90と入力し[enter]、まだコマンドは継続しているので、そのままもう1つ下の制御点にスナップさせて左クリックし、また90°回転させて[enter]キーを押し、もう一度[enter]でコマンドをいったん終了させる。

> **Tips**
> この操作は必ずPerspectiveビューで行うこと。別のビューで行うと配置が意図した形にならないことがある。

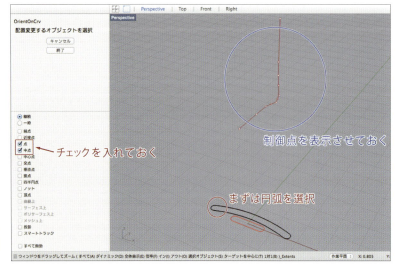

▲図ch04_07

▲図ch04_08

▲図ch04_09

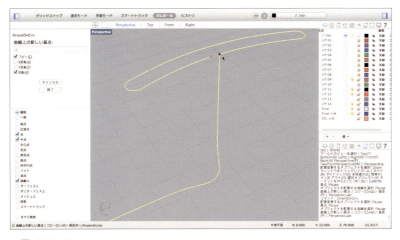

▲図ch04_10

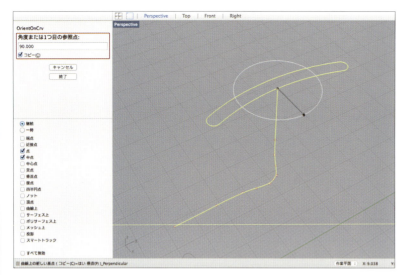

▲図ch04_11

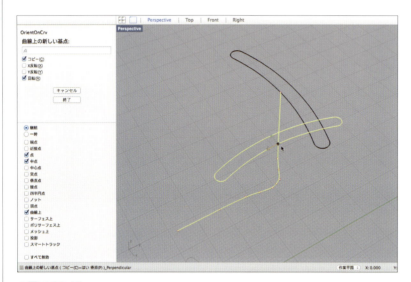

▲図ch04_12

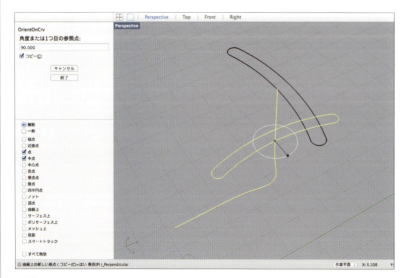

▲図ch04_13

同様の手順で、もう1つの曲線もレール曲線上に配置し直す。配置位置は下図を参考に。

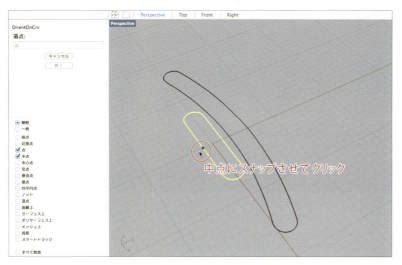
▲図ch04_14

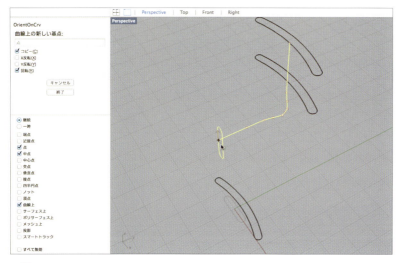
▲図ch04_15

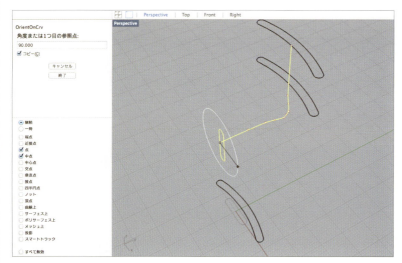
▲図ch04_16

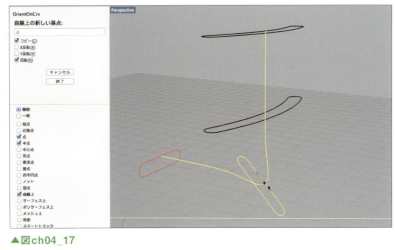

▲図ch04_17

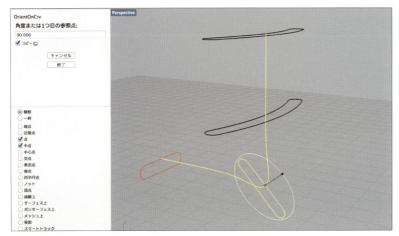

▲図ch04_18

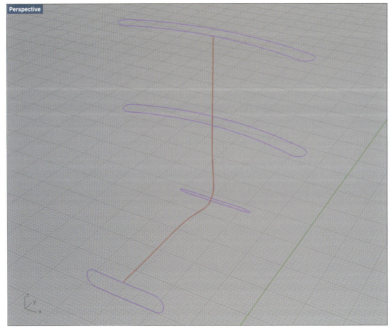

▲図ch04_19

参照モデル ● Chair2015.3dm>レイヤ13

⑥ [サーフェスメニュー：1レールスイープ/Sweep1]を選択する

レール曲線と配置した4本の断面曲線を使って、背もたれのサーフェスを作成する。下図を参考にレール曲線1本、断面曲線4本を順番に選択し[enter]、[シーム点をドラッグして調整]で断面曲線上の矢印を確認（図ch04_22のように矢印の方向が合ってない場合は[反転]ボタンをクリックして、方向が合っていない矢印をクリックして矢印の方向を合わせる）、矢印の方向が合っていれば[enter]、[1レールスイープオプション]で下図のように設定し、[スイープ]ボタンを押す。

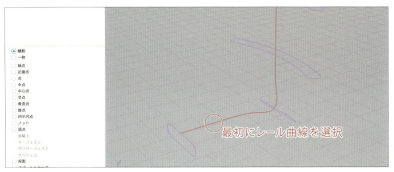
▲図ch04_20

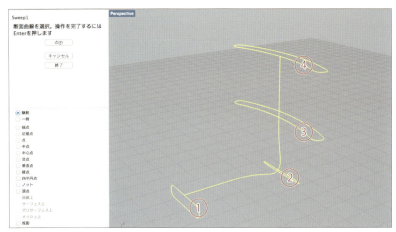
▲図ch04_21

▲図ch04_22

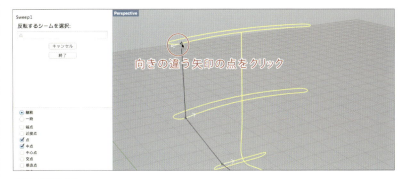
▲図ch04_23

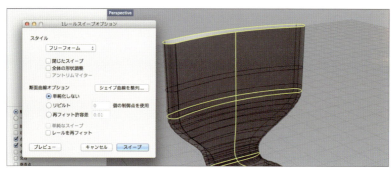

▲図ch04_24

⑦ [ソリッドメニュー：キャップ/Cap]を選択する

背もたれのサーフェスの開口部を閉じる。[キャップするサーフェスまたはポリサーフェスを選択]で背もたれのサーフェスを選択し[enter]キーを押す。

参照モデル ● Chair2015.3dm＞レイヤ14

⑧ [ソリッドメニュー：エッジをフィレット＞エッジをフィレット/FilletEdge]を選択する

背もたれの角を丸める。[フィレットするエッジを選択]で[半径]＝1に設定してから下図を参考にエッジを選択し[enter]、[編集するフィレットハンドルを選択]でもう一度[enter]キーを押す。

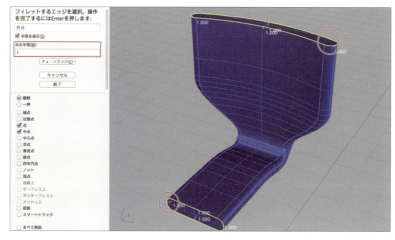

▲図ch04_25

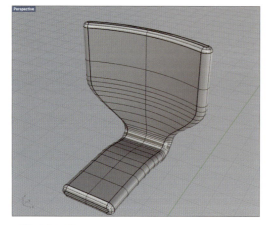

▲図ch04_26

参照モデル ● Chair2015.3dm＞レイヤ15

10-5　Starting Rhino with Mac
すべてのパーツの結合

すべてのパーツを結合させるために脚、座面、背もたれを和のブール演算で結合する。

① [曲線メニュー:長方形>中心、コーナー指定/Rectangle]を選択する

　ブール演算を行う前に、背もたれと脚を繋ぐパーツの押し出し曲線をRightビューで作成する(長方形を描き始める前に、オブジェクトスナップの[中点]と[投影]にチェックを入れておく)。[長方形の中心]は下図を参考にパイプの中点を左クリック、[もう一方のコーナーまたは長さ]=7と入力し[enter]、[幅]=2と入力し[enter]キーを押す。

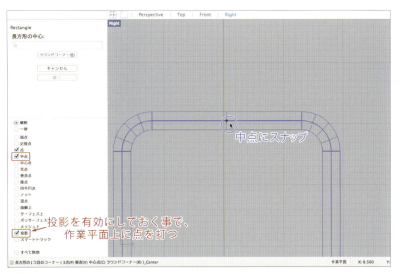
▲図ch05_01

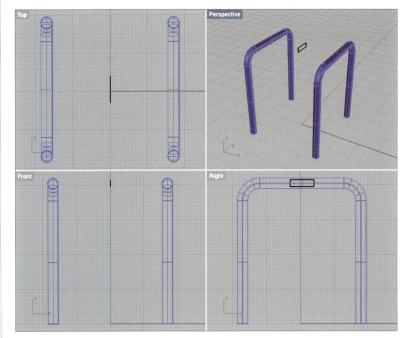
▲図ch05_02

② [ソリッドメニュー:平面曲線を押し出し>直線/ExtrudeCrv]を選択する

長方形を押し出す。[押し出す曲線を選択]で長方形を選択して enter 、[押し出し距離]で[両方向]にチェックを入れ、確実にパイプにめり込む位置で左クリックする。

参照モデル ● Chair2015.3dm>レイヤ16

Tips

ブール演算を行うときは下図のように、オブジェクト同士が確実に交差するように配置しよう。

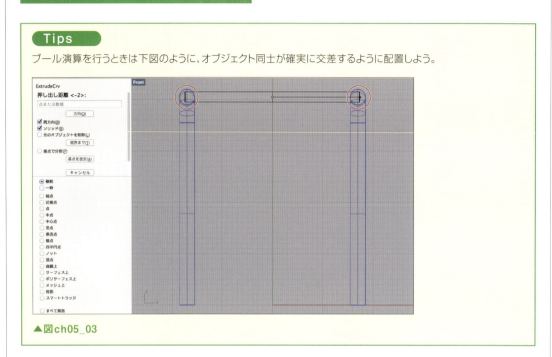

▲図ch05_03

③ [ソリッドメニュー:和/BooleanUnion]を選択する

すべてのパーツを合わせて1つのオブジェクトにする。[和の演算を行うサーフェスまたはポリサーフェスを選択]で座面・パイプ脚・背もたれ・直方体のすべてを選択し、enter キーを押す。

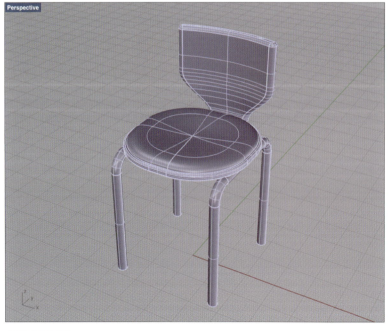

▲図ch05_04

参照モデル ● Chair2015.3dm>Final

10-6 3Dプリンターで出力するための準備

このモデルは原寸でモデリングされている。小型の3Dプリンターでも出力できるように、スケールをかけてからSTL出力を行う。

前章と同様に、3Dプリンターに出力するため実寸モデルを、1/6に縮小したモデルにする。

① [変形メニュー:スケール>3Dスケール/Scale]を選択する

3Dプリンター出力用に、サイズを縮小した物を複製する。[スケールを変更するオブジェクトを選択]で椅子を選択し [enter]、[原点]で「0」と入力、[コピー]にチェックを入れて [enter]、[スケールまたは1つ目の参照点]で「1/6」と入力し [enter] キーを押せば、原点(0,0,0)を基点に、元の形状から1/6のサイズに縮小される。

▲図ch06_01

参照モデル ● Chair2015.3dm>Final-1/6

② 3Dプリンターに出力するために、STLデータに変換する

データの変換、出力方法は、第5章のプレートモデルを参考にする。STL出力時のパラメーターは下図のようにしている。

▲図ch06_02

▲図ch06_03

③[ファイルメニュー:インポート]を選択する

たった今STL出力した椅子の形状をRhino上で確認する。インポート画面が開くので、保存したSTLファイルを選択して[開く]をクリック、「STLインポートオプション」が開くので、第5章を参考に開き、形状を確認する。

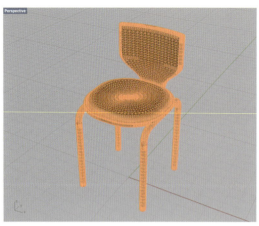 

▲図ch06_04
参照モデル ● Chair2015.3dm>STL-1/6

第11章
ドールハウスのモデリング

Starting Rhino with Mac

〔達成目標〕
本省のモデルは、他の章のものに比べ、オブジェクトの数が多い。レイヤやオブジェクトの表示・非表示等を有効に利用しデータ量の多いモデルに慣れよう。

✓ オブジェクトスナップを利用した移動
✓ オブジェクトの回転
✓ オブジェクトのスケール変更
✓ オブジェクトの曲線に沿っての配列

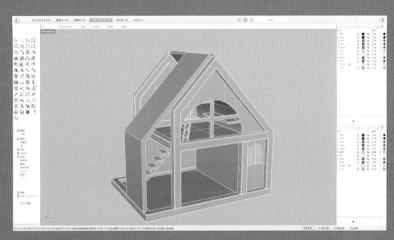

参照モデル:Dollhouse2015.3dm

11-1 Starting Rhino with Mac

11 押し出しによる床の作成

ドールハウスのモデリング

グリッドスナップと直交モードを使用して2次元ポリラインでスラブの外形線を作成し、押し出してスラブのソリッドを作成し、オブジェクトを空間に配置する操作を理解する。

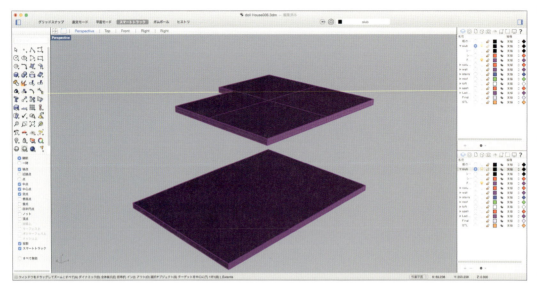

▲図dh01_02:完成図

①Rhinoを起動して、標準テンプレートの[Small objects-Milimeters]を指定する。[slub]レイヤを作成しアクティブにする。Osnapの[端点][投影]にのみチェックを入れる(最後までチェックを外さないこと)。1階、2階の「slubオブジェクト」を作成するために元となる曲線を引く。Topビューをアクティブにし、□「曲線メニュー:長方形>2コーナー指定」を選ぶ。「長方形の一つ目のコーナー」に座標値(-90,65)を入力し(半角英数)[enter]キーを押し、「もう一方のコーナーまたは長さ」に座標値(90,-65)を入力し[enter]キーを押す。

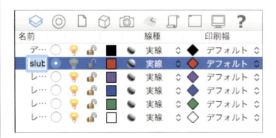

▲図dh01_03

> **Tips**
> 曲線を作図する方法は他にもあり、□「曲線メニュー:長方形>中心、コーナー指定」を選ぶ。「長方形の中心」に「0」、「もう一方のコーナーまたは長さ」に「180」、「幅」に「130」と入力し、それぞれ[enter]キーを押し長方形を作成することもできる。

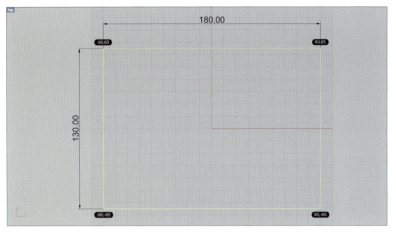

▲図dh01_04

参照モデル ● Doll2015.3dm＞slubレイヤ＞レイヤ01

②2階の「slubオブジェクト」の元となる曲線を引く。[グリッドスナップ]、[直交モード]をオンにし、[曲線メニュー:ポリライン＞ポリライン]を選択する。[ポリラインの始点]で書き始めたい座標を入力またはクリックし、[ポリラインの次の点]でも同じように座標を入力またはグリッドをクリックしていく。ここでは座標値(90,65)から書き始めていく(図dh01_08を参照)。「座標を入力し[enter]キーを押す」を繰り返していく。作図し終えたら[グリッドスナップ]、[直行モード]をオフにしておく。

例）各パラメーター入力

▲図dh01_05　　▲図dh01_06　　▲図dh01_07

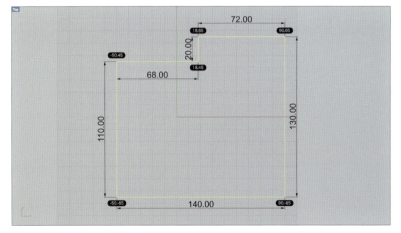

▲図dh01_08

参照モデル ● Doll2015.3dm＞slubレイヤ＞レイヤ02

> **Tips**
> もし曲線を上手く引くことができなくても、📝「編集メニュー:制御点>制御点表示オン」を選択し、制御点を動かしたい座標値まで動かすことで曲線を編集するこができる。

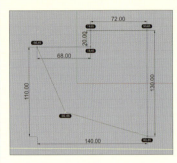

▲図dh01_09

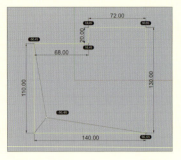

▲図dh01_10

③「slubオブジェクト」のソリッドを作成するため、📦[ソリッドメニュー:平面曲線を押し出し>直線]を選択し、「作図した二つの曲線」を選択する。[押し出し距離]を「5」と入力し、[両方向]のチェックを外し、[ソリッド][元のオブジェクトを削除]にチェックを入れ、enterキーを押す。

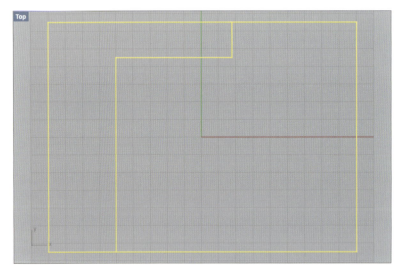

▲図dh01_11

▲図dh01_12

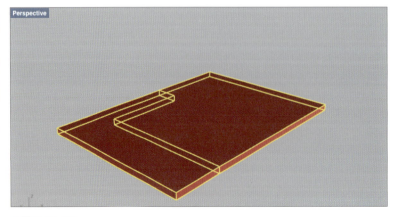

▲図dh01_13

参照モデル ● Doll2015.3dm>slubレイヤ>レイヤ03

④オブジェクトを2階の位置まで移動するため、Perspectiveビューをアクティブにし、[変形メニュー: 移動]を選択する。「小さいほうのオブジェクト」を選択し、enterキーを押す。

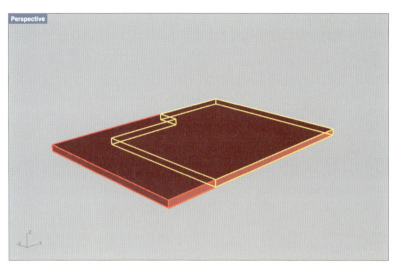

▲図dh01_14

Frontビューをアクティブにし、「移動の基点」では、任意に画面をクリックする。「移動先の点」で「85」と入力し、shiftキーを押したまま垂直にした状態で上方を左クリックする。

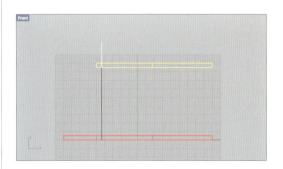

▲図dh01_15

> **Tips**
> ガムボールで移動してもよい。

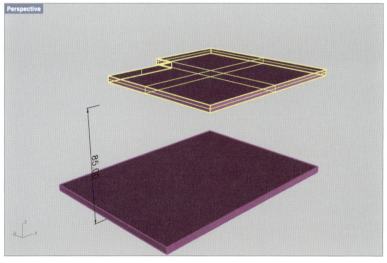

▲図dh01_16:完成図

参照モデル ● Doll2015.3dm＞slubレイヤ＞Final

11-2 柱の作成

各ビューでのグリッドスナップを使用した2次元ポリラインによる柱の外形線を作成し、押し出しによるソリッドの作成と、コピーを使用して空間的に柱を配置する操作を理解する。

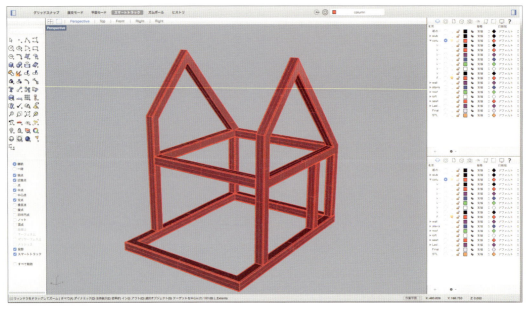

▲図dh02_01:完成図

①[column]レイヤを作成しアクティブにし、[slub]レイヤは[非表示]にする。一番下の長方形の「columnオブジェクト」を作成するために、Topビューをアクティブにし、□「曲線メニュー:長方形>2コーナー指定」を選択する。「長方形の一つ目のコーナー」に座標値(-100,75)を入力して[enter]キーを押し、「もう一方のコーナーまたは長さ」に座標値(100,-75)を入力し[enter]キーを押す。

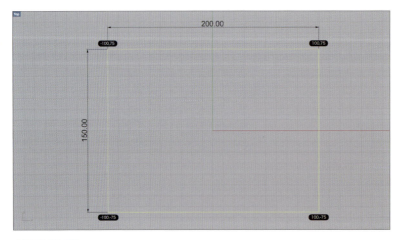

▲図dh02_02

② [曲線メニュー:オフセット＞曲線をオフセット]を選択し、「作図した長方形」を選択する。値を「10」と入力し enter キーを押す。十字のカーソルと白いラインが表示されるので、「長方形の内側」に移動させ左クリックを押す。

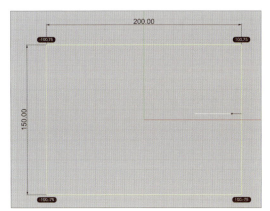
▲図 dh02_03

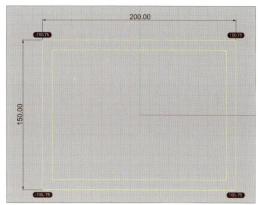
▲図 dh02_04

③内側にある「columnオブジェクト」を作成するために、[曲線メニュー:長方形＞2コーナー指定]を選択する。[長方形の一つ目のコーナー]に座標値(-60,65)を入力し enter キーを押し、[もう一方のコーナーまたは長さ]に座標値(-50,-65)を入力し enter キーを押し、長方形を作図する。

▲図dh02_05

▲図dh02_06

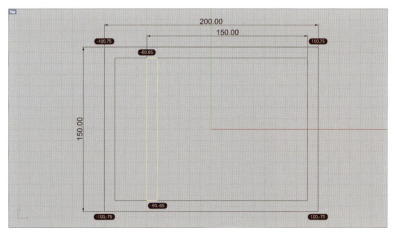
▲図dh02_07

参照モデル ● Doll2015.3dm＞columnレイヤ＞レイヤ01

④「columnオブジェクト」のソリッドを作成するために、🔲［ソリッドメニュー:平面曲線を押し出し＞直線］を選択し、作図した曲線をすべて選択し押し出す。［押し出し距離］を「10」と入力し、［両方向］のチェックを外し、［ソリッド］［元のオブジェクトを削除］にチェックを入れ enter キーを押す。

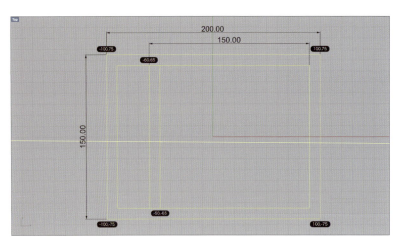

▲図dh02_08

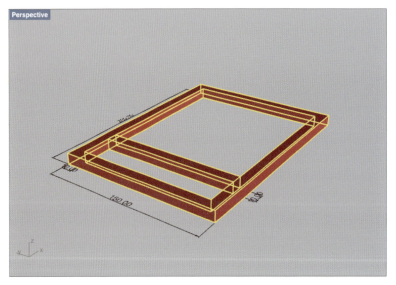

▲図dh02_09

参照モデル ● Doll2015.3dm＞columnレイヤ＞レイヤ02

⑤高さ方向の「columnオブジェクト」を作成するために、Frontビューをアクティブにし、📐［曲線メニュー:ポリライン＞ポリライン］を選択する。座標値を順に［ポリラインの始点］で(100,10)を入力し enter キーを押し、［ポリラインの次の点］で(100,95) enter →(0,200) enter →(-60,137) enter →(-60,10) enter と入力し enter キーを押す。

> **Tips**
> ［グリットスナップ］をオンにした状態でポリラインを選択し、座標値をスナップして作図することもできる。

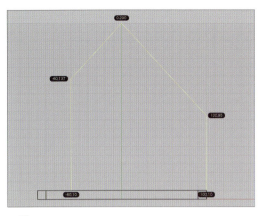

▲図dh02_10

⑥作図した曲線を内側にオフセットする。[曲線メニュー:オフセット>曲線をオフセット]を選択し、作図した曲線を選択する。値を「10」と入力しenterキーを押す。十字のカーソルと白いラインが表示されるので、カーソルを曲線の内側に移動させ左クリックする。

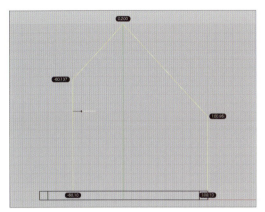

▲図dh02_11

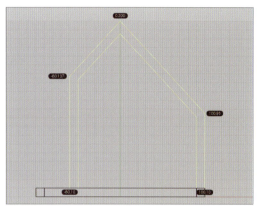

▲図dh02_12

⑦梁となるオブジェクトを作図する。[直交モード]をオンにし、[曲線メニュー:ポリライン>ポリライン]を選択する。[ポリラインの始点]で(100,95)と入力しenterキーを押し、オフセットした曲線を飛び出すように左側にカーソルを動かし左クリックで直線を作図する。作図したら、[曲線メニュー:オフセット>曲線をオフセット]を選択し、作図した曲線を選択する。値を「10」と入力しenterキーを押す。十字のカーソルと白いラインが表示されるので、カーソルを直線の下に移動させ左クリックを押す。

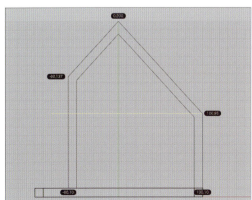

▲図dh02_13

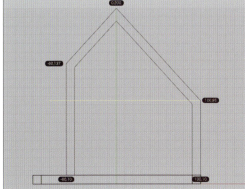

▲図dh02_14

⑧縦方向の「小さい柱」を作成するために、[曲線メニュー:長方形>2コーナー指定]を選択する。[長方形の一つ目のコーナー]に座標値(45,10)を入力しenterキーを押し、[もう一方のコーナーまたは長さ]に座標値(55,85)を入力しenterキーを押し、長方形を作図する。

▲図dh02_15

▲図dh02_16

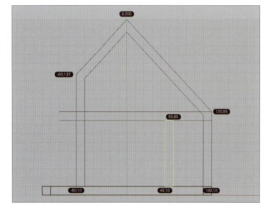
▲図dh02_17

⑨必要のない線を削除していく。[編集メニュー:トリム]を選択する。[切断オブジェクト]として、図dh02_18の黄色の曲線を選択しenterキーを押したら、赤丸の部分を左クリックし線を削除していく。削除し終えたらenterキーを押し、トリムを終了する。

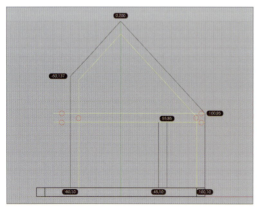
▲図dh02_18

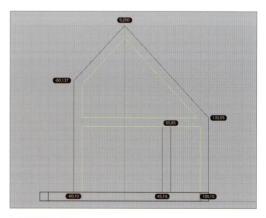
▲図dh02_19

⑩作図したオブジェクトを1つの閉じた曲線にするため、[曲線メニュー:ポリライン>ポリライン]を選択し、赤い四角で囲まれた部分にそれぞれ端点を結ぶ直線を引く。引き終えたら、作図した曲線を図のように曲線を選択し(複数選択する場合は shift キーを押しながら選択する)、[編集メニュー:結合]を選択し結合する。「コマンドヒストリ」にて閉じた曲線であることを確認する。

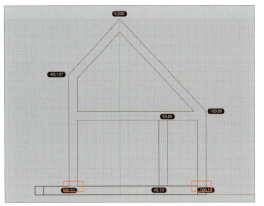

▲図dh02_20

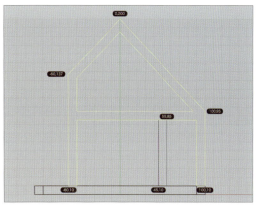

▲図dh02_21

▲図dh02_22

⑪「columnオブジェクト」をソリッドにするために、[ソリッドメニュー:平面曲線を押し出し>直線]を選択し、Frontビューで作図した曲線をすべて選択し enter キーを押す。[押し出し距離]を「10」と入力する。[両方向]のチェックは外し、[ソリッド][元のオブジェクトを削除]にチェックを入れ enter キーを押す。

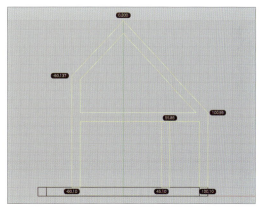

▲図dh02_23

参照モデル ● Doll2015.3dm>columnレイヤ>レイヤ04

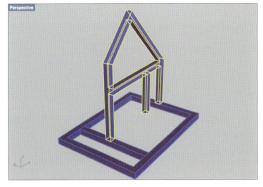

▲図dh02_24

参照モデル ● Doll2015.3dm>columnレイヤ>レイヤ05

⑫「columnオブジェクト」を移動・コピーしていくために、Rightビューをアクティブにし、[変形メニュー:移動]を選択する。[移動するオブジェクトの選択]で押し出したオブジェクトを選択し[enter]キーを押す。[移動の基点]ではRightビューで、オブジェクトの左下端点をクリックし、[移動先の点]では下のオブジェクトの左上端点でクリックする。

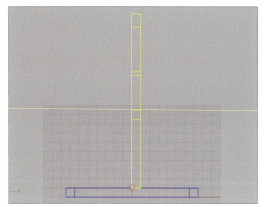

▲図dh02_25

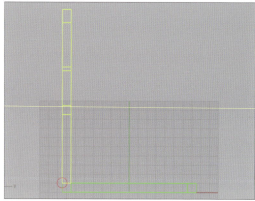

▲図dh02_26

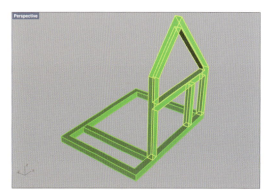

▲図dh02_27

参照モデル ● Doll2015.3dm＞columnレイヤ＞レイヤ06

⑬ [変形メニュー:コピー]を選択し、Frontビューで外枠のオブジェクトのみを選択し[enter]キーを押す。[コピーの基点]ではRightビューで、オブジェクトの右下端点をクリックし、[コピー先の点]では下のオブジェクトの右上端点に合わせてクリックし[enter]キーを押す。

▲図dh02_28

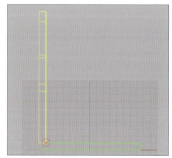

▲図dh02_29

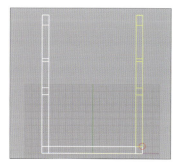

▲図dh02_30

⑭オブジェクトスナップとグリッドスナップをオンにし、横向きの「columnオブジェクト」をコピーしていく。[変形メニュー：コピー]を選択する。オブジェクトスナップの端点をチェックし、四角柱のオブジェクトを選択し[enter]キーを押す。Frontビューでオブジェクトの右下の端点を選択し、[コピー先の点]でオブジェクトスナップとグリッドスナップを利用して各部分にコピーし、[enter]キーを押す。

▲図dh02_31

参照モデル●Doll2015.3dm＞columnレイヤ＞レイヤ07

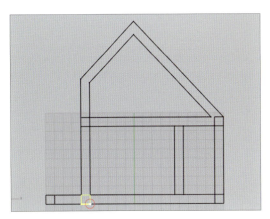
▲図dh02_32

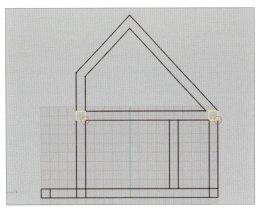
▲図dh02_33

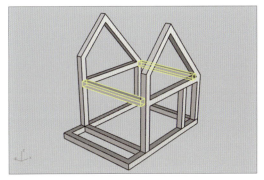
▲図dh02_34

⑮下の梁は必要ないので削除する。選択後、[delete]キーもしくは[編集＞削除]で削除する。

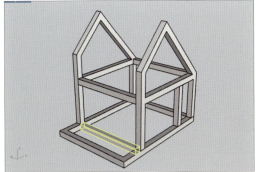
▲図dh02_35

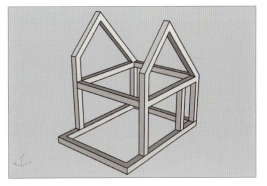
▲図dh02_36

参照モデル●Doll2015.3dm＞columnレイヤ＞レイヤ07、レイヤ08

⑯最後に、「columnオブジェクト」のエッジにフィレットを付ける。[ソリッドメニュー：エッジをフィレット＞エッジをフィレット]を選択する。[数値]に「1」と入力し[enter]キーを押し、すべての柱の「長い方のエッジのみ」を選択する。エッジの選択は、1つずつマウスでクリックしていくか、マウスを左クリックしたまま、右方向から左方向に向かってマウスを移動すると、触れたエッジが選択される。選択し終えたら[enter]キーを2回押す。フィレットが完了し、ワイヤーフレーム表示になった場合、ビュー左上の[Perspective]を右クリックし、「シェーディング」にチェックを入れる。

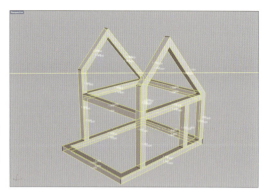

▲図dh02_37

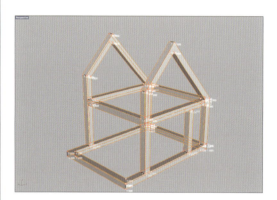

▲図dh02_38

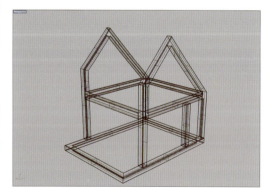

▲図dh02_39

参照モデル ● Doll2015.3dm＞columnレイヤ＞Final

11-3 Starting Rhino with Mac

曲面を持つ壁の作成

2次元ポリラインに加え、円弧とオフセットを使用した2次元曲線から曲面を作成し、曲面を持つモデル作成の操作を理解する。

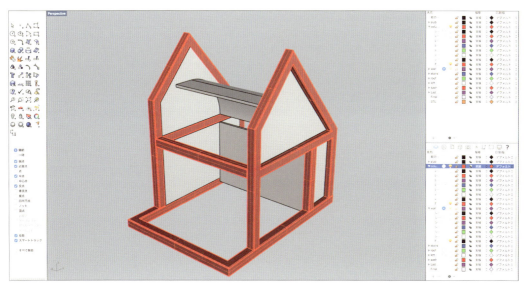

▲図dh03_01:完成図

① [wall]レイヤを作成しアクティブにし、[column]レイヤは[非表示]にしておく。Rightビューをアクティブにし、11-1で作図した[slub]レイヤを[表示]にする。壁を作成する元の線を引くため

▲図dh03_02

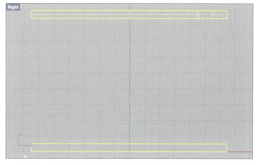

▲図dh03_03

にRightビューをアクティブにし、▢[曲線メニュー:長方形>2コーナー指定]を選択する。上のslubオブジェクトの左下端点をクリックし、下のslubオブジェクトの右上端点をクリックして長方形を作成する。

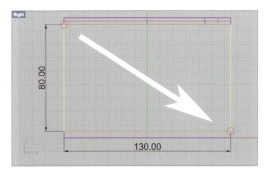

▲図dh03_04

参照モデル●Doll2015.3dm>wallレイヤ>レイヤ01

②作図した曲線をソリッドにするために、[■][ソリッドメニュー:平面曲線を押し出し＞直線]を選択する。作図した曲線を選択し[enter]キーを押す。[押し出し距離]を「3」と入力し、[両方向]のチェックを外し、[ソリッド][元のオブジェクトを削除]にチェックを入れ[enter]キーを押す。

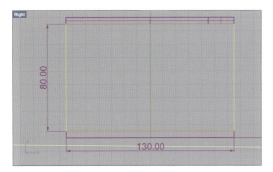

▲図dh03_05

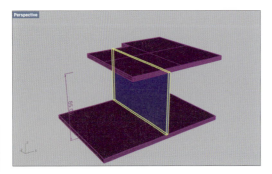

▲図dh03_06

参照モデル ● Doll2015.3dm＞wallレイヤ＞レイヤ02

③Frontビューをアクティブにし、先ほど「非表示」にした[column]レイヤを「表示」にしcolumnオブジェクトを表示する。あるいは、参照モデル「Doll2015.3dm＞columnレイヤ＞final」レイヤのモデル開き、次の工程で、FrontビューからXZ平面上に2次元図を作成するための準備とする。

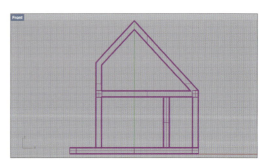

▲図dh03_07

参照モデル ● Doll2015.3dm＞columnレイヤ＞final

④[人][曲線メニュー:ポリライン＞ポリライン]を選択する。オブジェクトスナップの「端点」「投影」にチェックが入っていることを確認した後、表示した[column]レイヤのオブジェクトの内側をなぞっていく。「投影」によって、立体に関係なく平面に線を作図することができる。

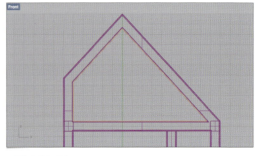

▲図dh03_08

⑤ [曲線メニュー:長方形>2コーナー指定]を選択し、それぞれ長方形を作成する。

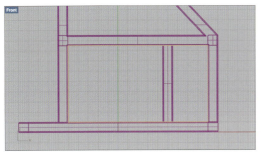

▲図dh03_09　　　　　　　　　　　▲図dh03_10

⑥ 作成し終えたら、表示していた[column]レイヤを「非表示」にし、作図した3つの閉じた曲線のみにする。

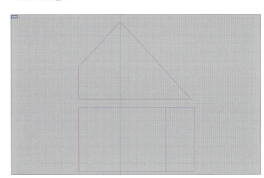

▲図dh03_11

⑦ 曲線の壁の元となる線を作成する。[曲線メニュー:円弧>中心、始点、角度指定]を選択し、[円弧の中心]で座標値(0,95)を入力し[enter]キーを押す。[円弧の始点]で座標値(50,95)を入力し[enter]キーを押す。[終点または角度]で「90」と入力し[enter]キーを押す。

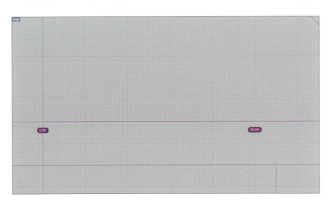

▲図 dh03_12

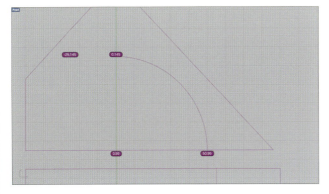

▲図dh03_13

⑧ [曲線メニュー:オフセット＞曲線をオフセット]を選択し、作図した円弧を選択する。[オフセット距離]を「1.5」と入力し、「両方向」にチェックをして enter キーを押し左クリック。

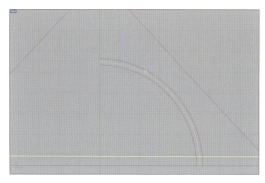

▲図dh03_14

⑨ [曲線メニュー:ポリライン＞ポリライン]を選択する。座標(0,145)から、座標(-25,145)まで、長さ25の線を引く。

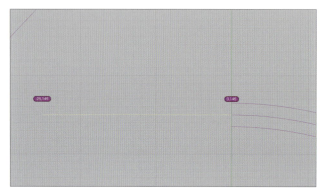

▲図dh03_15

⑩ [曲線メニュー:オフセット＞曲線をオフセット]を選択し、作図した直線を選択する。[オフセット距離]を「1.5」と入力し、[両方向]にチェックをして enter キーを押し左クリック。

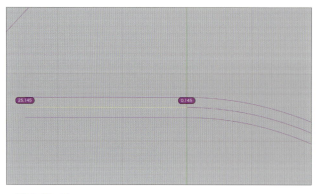

▲図dh03_16

⑪ [曲線メニュー:ポリライン>ポリライン]を選択し、作図した曲線を閉じた曲線にするために上下に線を引く。引き終えたら、外側の曲線をすべて選択する(複数オブジェクトを選択する場合は shift キーを押しながら選択する)。 [編集メニュー:結合]を選択し、選択した曲線を結合する。

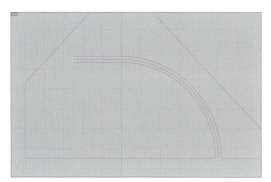
▲図dh03_17

▲図dh03_18

⑫中央の曲線を選択し、[編集メニュー:削除]を選択して曲線を削除する。

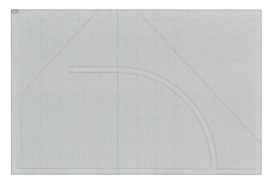
▲図dh03_19

⑬作図した曲線をソリッドにするために、 [ソリッドメニュー:平面曲線を押し出し>直線]を選択し、「弧を描いた曲線以外」を選択し enter キーを押す。[押し出し距離]を「3」と入力する。[両方向]のチェックを外し、[ソリッド][元のオブジェクトを削除]にチェックを入れ enter キーを押す。

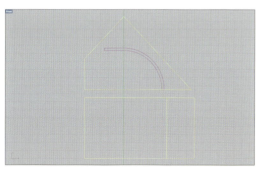
▲図dh03_20

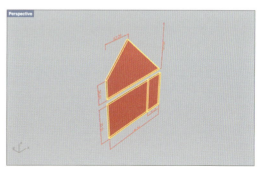
▲図dh03_21

参照モデル ● Doll2015.3dm＞wallレイヤ＞レイヤ03

⑭同じ手順で弧を描いた曲線も押し出す。■［ソリッドメニュー:平面曲線を押し出し＞直線］を選択する。［押し出し距離］は「65」を入力し、［両方向］［ソリッド］［元のオブジェクト］にチェックを入れて enter キーを押す（説明のため、先に押し出したオブジェクトを非表示にしてある）。

▲図dh03_22　　　　　　　　　　　　　　　▲図dh03_23

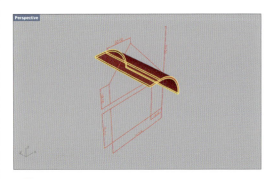

▲図dh03_24

参照モデル ● Doll2015.3dm＞wallレイヤ＞レイヤ04

⑮押し出したオブジェクトを移動するため、[変形メニュー:移動]を選択し、Perspectiveビューで右側の小さいオブジェクトを選択する。

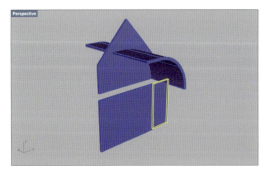

▲図dh03_25

「移動の基点」ではTopビューでオブジェクトの左上端点を選択し、オブジェクトスナップとグリッドスナップを利用して垂直に「68」と入力し移動する（shiftキーを押しながらカーソルを下方向に移動しクリック）。

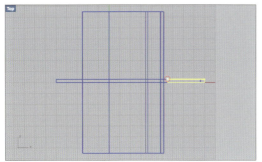
▲図dh03_26

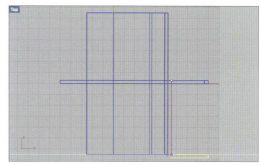
▲図dh03_27

> **Tips**
> ガムボールで移動距離を入力してもよい。

⑯同じように残ったオブジェクトも [変形メニュー:移動]を選択する。Perspectiveビューで上下の大きいオブジェクトを選択し、Topビューで[移動の基点]にてオブジェクトの右下端点を選択し、[移動先の点]に「65」と入力し、カーソルを上方に向かって移動しクリック。

> **Tips**
> shiftキーを押したままオブジェクトを選択することで、続けてオブジェクトを選択することができる。⌘キーを押したままオブジェクトクリックすると、選択をキャンセルすることができる。

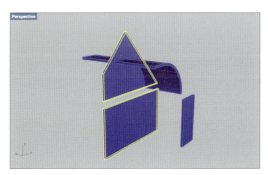
▲図dh03_28

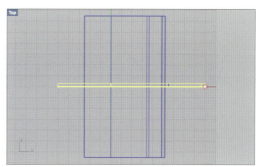
▲図dh03_29

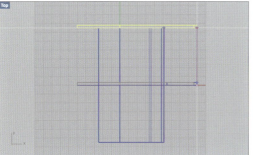
▲図dh03_30

⑰ 図dh03_06で作図したオブジェトも同じように[変形メニュー:移動]を選択し移動する。Perspectiveビューでオブジェクトを選択し、Topビューでオブジェクトの左上端点を左クリックし、曲線の壁オブジェクトの左上端点に移動し完成。

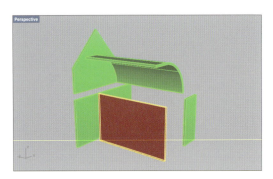

▲図dh03_31
参照モデル ● Doll2015.3dm＞wallレイヤ＞レイヤ05

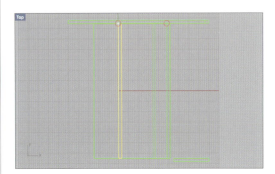 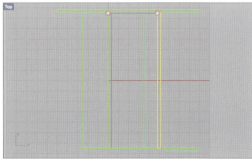

▲図dh03_32　　　　　　　　　　　　　▲図dh03_33
参照モデル ● Doll2015.3dm＞wallレイヤ＞レイヤ06

⑱ [変形メニュー:ミラー]を選択し、[ミラーするオブジェクト]としてPerspectiveビューで三角屋根の部分を選択しenterキーを押す。[対象軸（ミラー平面）の始点]として「0」を入力しenterキーを押す。shiftキーを押しながら、反対側に三角屋根がくるようマウスを移動しクリックする。

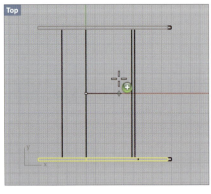 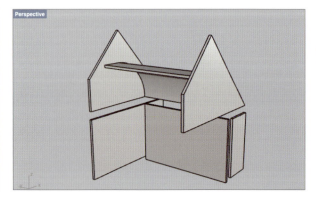

▲図dh03_34　　　　　　　　　　　　　▲図dh03_35：完成図
参照モデル ● Doll2015.3dm＞wallレイヤ＞Final

11-4 Starting Rhino with Mac
配列コマンドを使用した階段の作成

繰り返しコピーをするモデリングを効率的に行うために、[配列]コマンドの操作を理解する。

▲図dh04_01

①[stairs]レイヤを作成し、アクティブにする(それ以外のレイヤは非表示にする)。階段の角度となる線を作図するためにFrontビューをアクティブにし、スマートトラックをオンにする。縦方向に長さ「80」の直線を引いてから、 [曲線メニュー:直線>角度の付いた線]を選択する。長さ「80」の直線の両端点を始点と終点として選択した後[角度]を「-45」と入力し、45°の線を任意の場所に作図する。

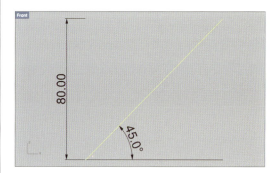

▲図dh04_02

参照モデル●Doll2015.3dm>stairsレイヤ>レイヤ01

②階段の踏場を作成する元の線を引く。🔲[曲線メニュー:長方形>2コーナー指定]を選択する。45°の直線の端点をクリックし、[もう一方のコーナーまたは長さ]に「10」で[enter]、[幅]に「3」と入力し[enter]キーを押し、長方形を作成する。

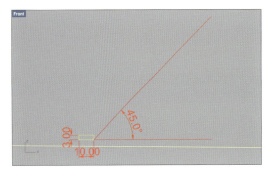

▲図dh04_03

参照モデル ● Doll2015.3dm＞stairsレイヤ＞レイヤ02

③「45°の直線」に沿って階段の踏場を配置する。[変形メニュー:配列>曲線に沿って]を選択する。[配列するオブジェクトを選択]で「長方形」を選択し[enter]。[パス曲線の選択]で「45°の直線」を選択すると「配列オプション」が表示されるので、[アイテムの数]に「9」と入力し、[配列]をクリックする。

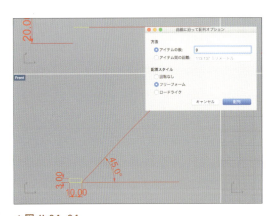

▲図dh04_04

▲図dh04_05

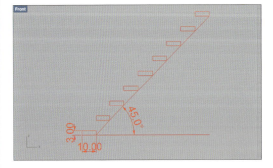

▲図dh04_06

参照モデル ● Doll2015.3dm＞stairsレイヤ＞レイヤ03

> **Tips**
> [パス曲線を選択]の際、曲線をクリックする場所によっては階段が逆に配列されることがある。その際は、始点に近い部分をクリックしてみよう。

④階段の柱の元となる線を作成する。[曲線メニュー:ポリライン>ポリライン]を選択して、階段オブジェクトにスナップしながら閉じた曲線を作図する。作図し終えたら[変形メニュー:移動]を選択し、作図したオブジェクトを階段が登れるよう、右に移動する(図dh04_08を参照)。

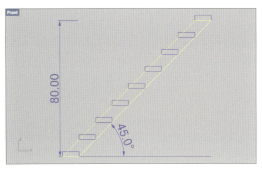
▲図dh04_07

▲図dh04_08

参照モデル ● Doll2015.3dm>stairsレイヤ>レイヤ04

⑤作図した曲線をソリッドにする。[ソリッドメニュー:平面曲線を押し出し>直線]を選択し、「一番上と一番下の長方形を残して」選択しenterキーを押す。[押し出し距離]を「10」と入力し、[両方向][ソリッド][元のオブジェクトを削除]にチェックを入れてenterキーを押す。

▲図dh04_09　　　　　　　　　　　　　　　　▲図dh04_10

参照モデル ● Doll2015.3dm>stairsレイヤ>レイヤ05

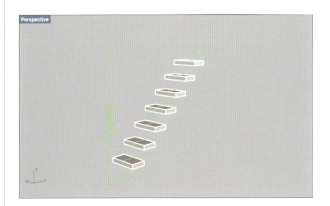
▲図dh04_11

参照モデル ● Doll2015.3dm>stairsレイヤ>レイヤ06

⑥同じように、柱となる曲線も押し出す。[ソリッドメニュー:平面曲線を押し出し＞直線]を選択し、平行四辺形の曲線を選択し enter キーを押す。[押し出し距離]を「2」と入力し、[両方向][ソリッド][元のオブジェクトを削除]にチェックを入れて enter キーを押す。

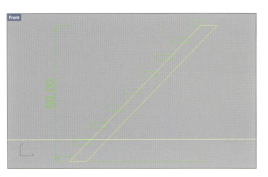

▲図dh04_12
参照モデル●Doll2015.3dm＞stairsレイヤ＞レイヤ05

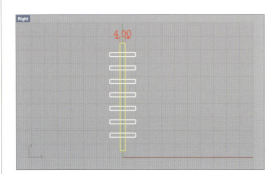

▲図dh04_13　　　　　　　　　　　▲図dh04_14
参照モデル●Doll2015.3dm＞stairsレイヤ＞レイヤ07

⑦押し出したオブジェクトを1つのオブジェクトにするために、[ソリッドメニュー:和]を選択する。押し出したオブジェクトをすべて選択し enter キーを押す。

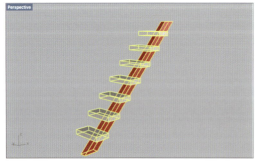
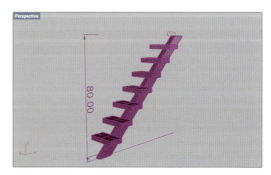

▲図dh04_15　　　　　　　　　　　▲図dh04_16
参照モデル●Doll2015.3dm＞stairsレイヤ＞レイヤ08

⑧1つにしたオブジェクトを移動する。Topビューをアクティブにし、[slub]レイヤを[表示]にする。[変形メニュー:移動]を選択する。[移動の基点]でstairsオブジェクトの右上端点をクリックし、上のslubオブジェクトの左上端点をクリックして移動する。

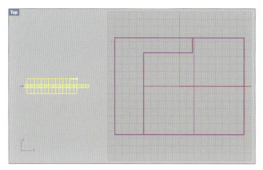
▲図dh04_17

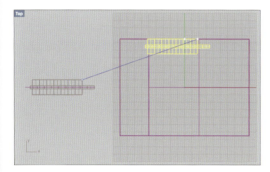
▲図dh04_18

参照モデル ● Doll2015.3dm＞stairsレイヤ＞Final

⑨高さも合わせるために[変形メニュー:移動]を選択し、「stairsオブジェクト」の端点を任意に選択する。Frontビュー、Rightビューを確認しながら「slubオブジェクト」の間に移動する。

Tips
Topビューで平面上の位置を合わせたので、Frontビューでは上下のみを動かし、左右には動かしてはいけない。

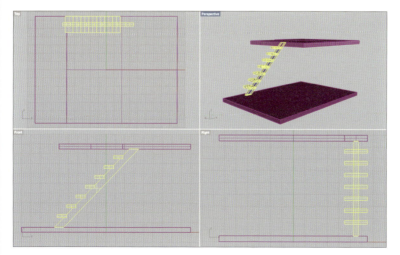
▲図dh04_19:完成図

11-5 屋根の作成

屋根オブジェクトの作成を通じて、オブジェクトを空間に配置する操作に習熟する。

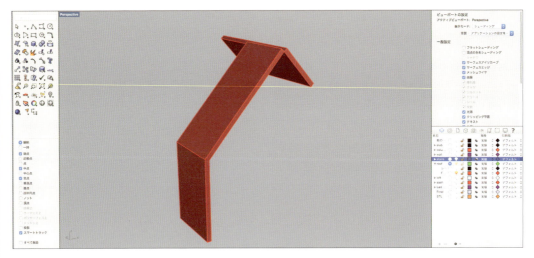

▲図dh05_01

① [roof]レイヤを作成しアクティブにし、[column]レイヤを[表示]にする。Frontビューをアクティブにし、屋根の元となる線を引く。[曲線メニュー:ポリライン>ポリライン]を選択し、座標値(0,200),(-95,100),(-95,10)の順に、頂点から内側の線を作図する。作図した内側の曲線を外側に「5」オフセットし、オプションを[コーナー:シャープ]、[キャップ:平面]にして、閉じた曲面にする。右側の曲線も同じように作成する。

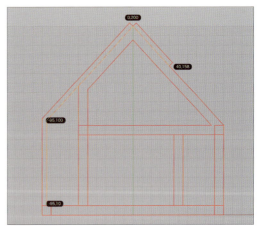

▲図dh05_02

参照モデル ● Doll2015.3dm>roofレイヤ>レイヤ01

② [ソリッドメニュー:平面曲線を押し出し>直線]を選択し、左側のオブジェクトを選択し[enter]キーを押す。Topビューをアクティブにし、[両方向]のチェックを外し、[ソリッド][元のオブジェクトを削除]にチェックを入れ、「columnオブジェクト」の内側に接するところでクリックする。

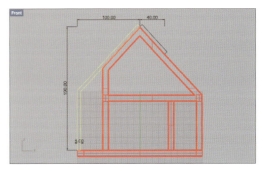

▲図dh05_03

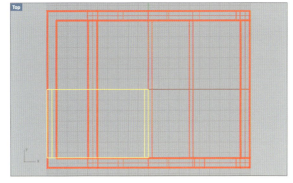

▲図dh05_04　　▲図dh05_05

③右側の曲線も押し出す。[ソリッドメニュー:平面曲線を押し出し>直線]を選択し、右側のオブジェクトを選択する。Topビューをアクティブにし、[両方向][ソリッド][元のオブジェクトを削除]にチェックを入れ、「columnオブジェクト」の内側に接するところでクリックする。完成したらレイヤを非表示にする。

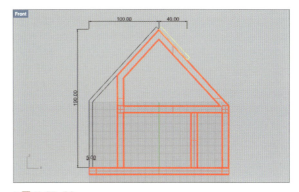

▲図dh05_06

▲図dh05_07　　▲図dh05_08

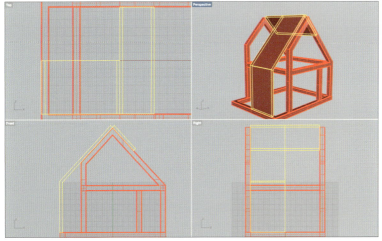

▲図dh05_09:完成図

参照モデル●Doll2015.3dm>roofレイヤ>Final

11-6 ロフトの作成

ロフトの作成を通じて、オブジェクトを空間に配置する操作に習熟する。

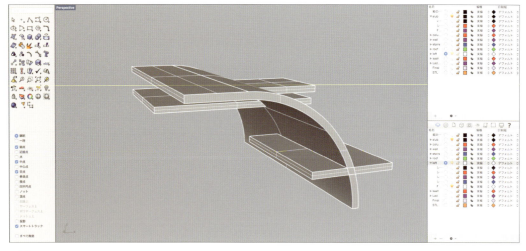

▲図dh06_01

①Rightビューをアクティブにし[loft]レイヤを作成し、[wall]レイヤを[表示]にする。「loftオブジェクト」の基準となる線を引くためにOsnapの[中点]にチェックを入れ、[曲線メニュー:ポリライン>ポリライン]を選択し、[ポリラインの始点]で「0」と入力し基準線を引く(補助線なので、長さはwallを貫通すれば任意でよい)。[曲線メニュー:オフセット>曲線をオフセット]を選択し作図した線を選択する。[両方向]にチェックし、「5」と入力し軸となる線を引く。

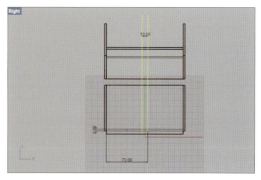

▲図dh06_02

参照モデル ● Doll2015.3dm>loftレイヤ>レイヤ01

②オブジェクトスナップの[中点]にチェックを入れ、[曲線メニュー:長方形>2コーナー指定]を選択し、補助線を利用しながらloftオブジェクトの元となる3つの長方形を作図する。終了したら、補助線は削除する。

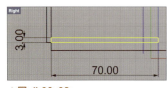

▲図dh06_03　　▲図dh06_04

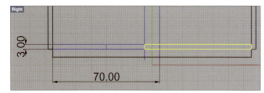

▲図dh06_05

③ [変形メニュー:移動]を選択し、作図したオブジェクトをそれぞれ移動する。移動先は任意でもよい。

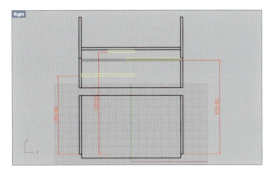

▲図dh06_06

参照モデル ● Doll2015.3dm>loftレイヤ>レイヤ02

④Rightビューで[ソリッドメニュー:平面曲線を押し出し>直線]を選択し、それぞれのオブジェクトを選択する。[両方向]のチェックを外し、[ソリッド][元のオブジェクトを削除]にチェックを入れ、それぞれFrontビューで押し出す。

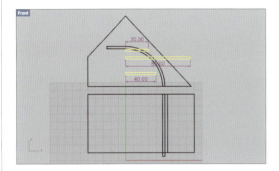

▲図dh06_07

参照モデル ● Doll2015.3dm>loftレイヤ>レイヤ03

⑤ [変形メニュー:移動]を選択し、「loftオブジェクト」が「曲線の壁」に接するように任意で移動する。

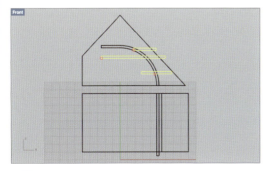

▲図dh06_08

参照モデル ● Doll2015.3dm>loftレイヤ>レイヤ04

⑥ 🔧 ［ソリッドメニュー：和］を選択する。「loftオブジェクト」と「曲線の壁オブジェクト」を選択し、[enter]キーを押すと完成。

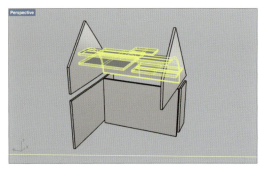

▲図dh06_09

参照モデル ● Doll2015.3dm＞loftレイヤ＞Final

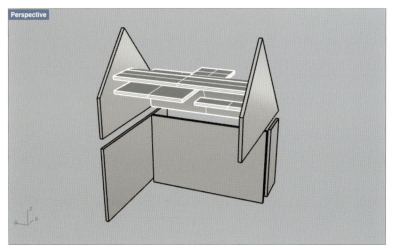

▲図dh06_10：完成図

11-7 Starting Rhino with Mac

窓の作成

窓の作成を通じて、ブール演算の操作を理解する。

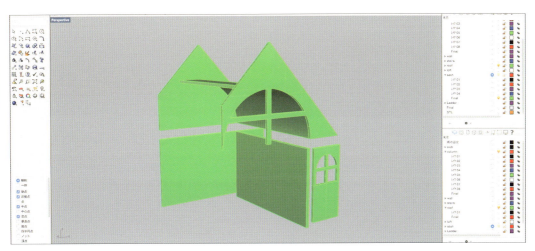

▲図dh07_01

窓を2つ作成する。大きな窓の大きさは、幅100、高さ50の半円で、幅4の十字の窓枠を持つ。小さな窓の大きさは幅30、高さ30で、上半分は直径30の半円と、その下は正方形で、幅2の十字の窓枠を持つ。

① Frontビューをアクティブにして、[sash]レイヤを作成する。[lof]tレイヤ、[wall]レイヤを[非表示]にする。[曲線メニュー:円弧>始点、終点、半径指定/Arc]を選択する。この作図は後で移動するので、グリッドスナップで任意のグリッドを始点としてクリックし、終点の位置を100水平方向に指定した後、[円弧の半径と向き]で半径「50」と入力し、方向を指示して作成(190ページで同様の操作があるので参照のこと。本章のモデルは半径が距離の半分になるので半円が作成される)。次に、半円の端点と端点を「直線」で線を引き閉じた半円を作成する。最後に窓枠のアタリ線を「直線」で作成しておく。アタリ線を中心の線を引いた後に、上下左右にオフセットすればよいだろう。小さな窓も同様に半円を作成し、下部は「ポリライン」で直線部を繋ぎ、窓枠となるアタリ線を作成しておく。

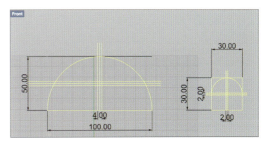

▲図dh07_02
参照モデル●Doll2015.3dm>sashレイヤ>レイヤ01

② [編集メニュー:トリム]を選択し、余計な線を切り取る(このときズームし、しっかりとトリムができていることを確認する)。[編集メニュー:結合]にて、すべてのラインを結合しておく。

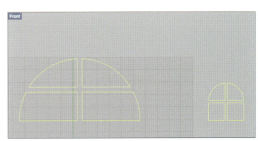

▲図dh07_03
参照モデル●Doll2015.3dm>sashレイヤ>レイヤ02

③ 🔲 [ソリッドメニュー:平面曲線を押し出し>直線]を選択する。トリムしたすべての曲線を選択し、任意で押し出す。作図したオブジェクトをそれぞれ ⌘ + G キーでグループ化しておくと後の操作がやりやすい。

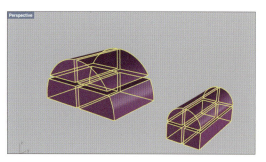

▲図dh07_04

参照モデル ● Doll2015.3dm>sashレイヤ>レイヤ03

④ [wall]レイヤを[表示]にする。Frontビューをアクティブにして、🔧 [変形メニュー:移動]を選択する。Frontビュー、Rightビューで確認しながら、壁オブジェクトを突き抜けるようにそれぞれ任意に移動する。

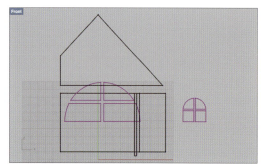

▲図dh07_05

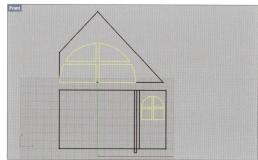

▲図dh07_06

参照モデル ● Doll2015.3dm>sashレイヤ>レイヤ04

⑤ 🔵 [ソリッドメニュー:差]を選択する。「取り除かれるオブジェクト」を選択し enter キーを押し、「取り除くオブジェクト」を選択し enter キーを押し窓枠が完成(操作の詳細は87ページ参照)。

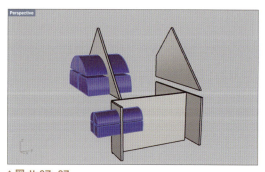

▲図dh07_07

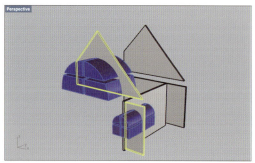

▲図dh07_08

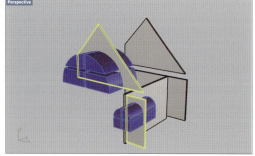

▲図dh07_09

⑥[wall]レイヤを[非表示]にする。

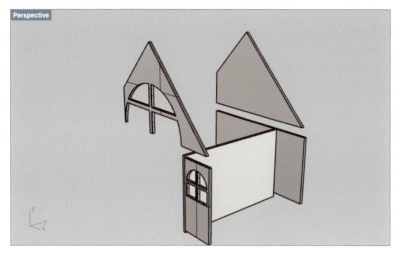

▲図dh07_10:完成図

参照モデル ● Doll2015.3dm＞sashレイヤ＞Final

11-8 ハシゴの作成と全パーツの結合

最後にハシゴを[配列]コマンドで作成し、全パーツを和のブール演算で結合する。

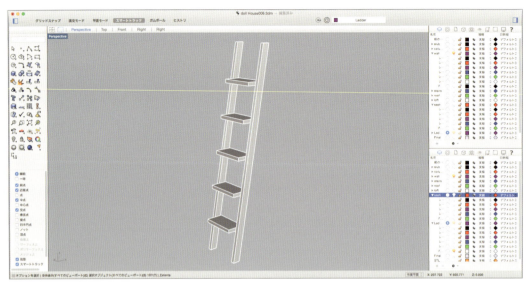

▲図dh08_01：完成図

① Frontビューをアクティブにし、[ladder]レイヤを作成する。11-4と同じ要領で曲線を作図する（基準線を引くには、長さ60のポリラインの上側を[始点]、下側を[終点]、角度を[350度]とするとよい。また、角度の付いた線をコピーする距離は2mmである）。

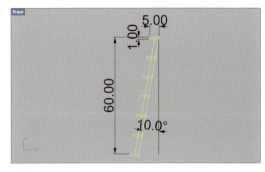

▲図dh08_02

参照モデル ● Doll2015.3dm>ladderレイヤ>レイヤ01

② 踏み台となるソリッドを作成するために、■[ソリッドメニュー：平面曲線を押し出し>直線]を選択する。長方形を選択し、[押し出し距離]を「5」と入力する。[両方向][ソリッド][元のオブジェクトを削除]にチェックを入れ、enterキーを押す。

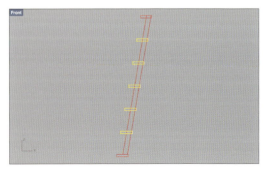

▲図dh08_03

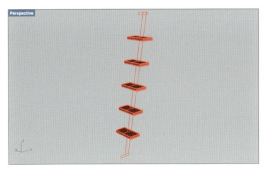

▲図dh08_04

参照モデル ● Doll2015.3dm>ladderレイヤ>レイヤ02

③同じように、柱部分も ▢ ［ソリッドメニュー：平面曲線を押し出し＞直線］を選択し、曲線を選択する。［押し出し距離］を「0.5」と入力する。［両方向］［ソリッド］］［元のオブジェクトを削除］にチェックを入れ、[enter]キーを押す。

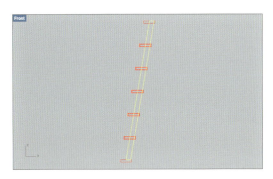

▲図dh08_05

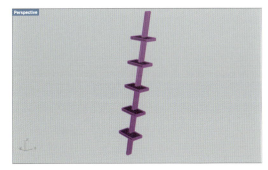

▲図dh08_06

参照モデル ● Doll2015.3dm>ladderレイヤ>レイヤ03

④Rightビューをアクティブにする。 ［変形メニュー：移動］を選択し、移動する。移動した後 ［変形メニュー：コピー］を選択し、コピーする。コピーし終えたらブール演算の和で結合する。

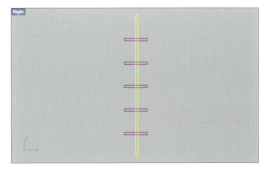

▲図dh08_07

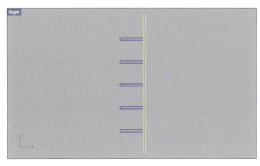

▲図dh08_08

参照モデル ● Doll2015.3dm＞ladderレイヤ＞レイヤ04

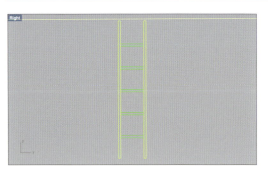

▲図dh08_09

参照モデル ● Doll2015.3dm＞ladderレイヤ＞レイヤ05

⑤［slub］［loft］レイヤを［表示］する。「ladderオブジェクト」を正確な位置に移動するために、🔲［変形メニュー:移動］を選択し、「ladderオブジェクト」を選択する。Frontビュー、Rightビューで確認しながら、2階の床となるオブジェクトに接するように「ladderオブジェクト」を移動したら完成。

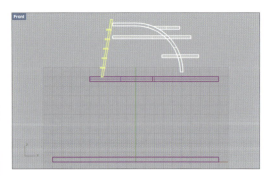

▲図dh08_10

参照モデル ● Doll2015.3dm＞ladderレイヤ＞Final

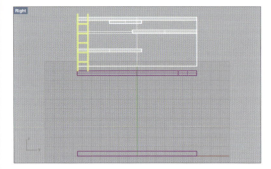

▲図dh08_11

▲図dh08_12:完成図

⑥ [final]レイヤを作成しアクティブにする。すべてのレイヤを[表示]にし、完成したオブジェクトを選択する(左クリックを押したままオブジェクトを囲い、左クリックを離す)。すべてのオブジェクトを選択したら、 [ソリッドメニュー:和]を選択し、1つのオブジェクトにする。

▲図dh08_13

参照モデル ● Doll2015.3dm＞Finalレイヤ

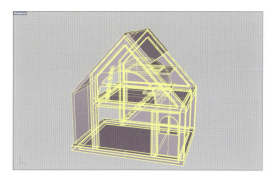

▲図dh08_14

⑦完成したオブジェクトを選択する。[ファイル＞選択オブジェクトをエクスポート＞STLのメッシュオプション]で[許容差]を「0.01」にして[OK]をクリック、[バイナリ]にチェックを入れ[エクスポート]をクリックしてSTL形式に変換する。

[STL]レイヤを作成しアクティブにする。「ファイル＞インポート＞STL形式で保存したファイルを開く＞STLインポートオプション]で[ウェルド角度（22.5）]にチェックを入れ[インポート]をクリックする。

ドールハウスの完成。

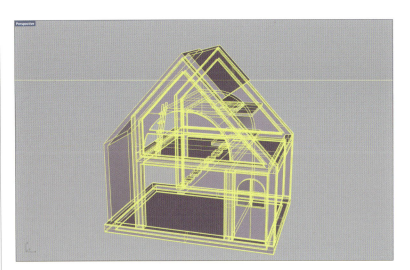

▲図dh08_15

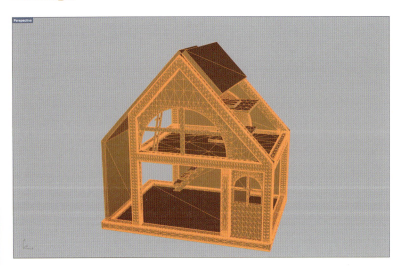

▲図dh08_16

参照モデル ● Doll2015.3dm＞STLレイヤ

第12章
レンダリングと色付きモデルの出力

Starting Rhino with Mac

モデリングしたイメージを具現化するためにレンダリングは不可欠だ。Rhino 5 for Macのレンダリング機能は、Windows版に比べて基本的な機能しか用意されていないが、それでも、光源の設定や色、透明度、反射、屈折率等のマテリアル設定により、モデルの価値を伝達する方法としては有効だ。

また、本書は3Dプリンターに出力することをテーマの1つとしている。本来、レンダリング結果をそのまま3Dプリンターが取り扱える色に変換して出力できるのが望ましいが、Mac版Rhino単体では難しい。

この章では、最もポピュラーなアプリケーションの1つであるPhotoShopを使用した例を紹介する。

12-1 Starting Rhino with Mac

シンプルなレンダリング

Rhino 5 Macのレンダリングは、基本的なものが用意されている。まずは、最も簡単なレンダリングを行ってみよう。

①第5章から第11章までのモデルをすべて1つのファイルに統合して、それらのオブジェクトについて色付けしてみよう。第9章で作成した「Table2015.3dm」を開き、そのモデルに対して各モデルを読み込んでいく。[ファイル>インポート]を使用してモデルを読み込んでいくとよい。いずれのモデルも必要なオブジェクトは、[Final]レイヤに格納されている。次の図は「Chair2015.3dm」「DollHouse.3dm」を読み込んだところだ。

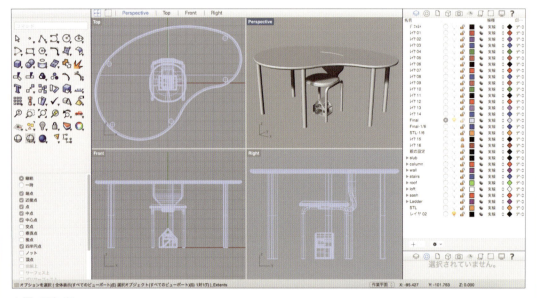

▲図rd01_01

インポートで読み込んだ場合、そのモデルのすべてのレイヤを取り込むため、ここで、不要なレイヤを削除しておこう。レイヤのダイアログで不要レイヤを選択し、レイヤ削除を実行する。

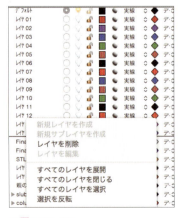

▲図rd01_02

削除対象のレイヤに現在のレイヤが含まれている場合は、警告が出る。

▲図rd01_03

［削除］を押して次に進む。

▲図rd01_04

削除しようとしているレイヤにオブジェクトがある場合にも警告が表示される。

▲図rd01_05

すべてのモデルをインポートし、不要レイヤを削除すると、次の図のようになっているはずだ。

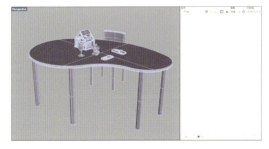

▲図rd01_06

②次に、各モデルを分けるために、新たにレイヤを作成する。新規レイヤの名前も設定できたら、レイヤを変更するオブジェクトを選択して、移動先レイヤにマウスカーソルを移動し、右クリックするとリストが表示されるので、「オブジェクトをこのレイヤに移動」を選択する。

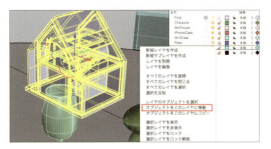

▲図rd01_07

すべてオブジェクトを各レイヤに移動後、レンダリングモードにしてみても、この時点では初期値の白のままである。

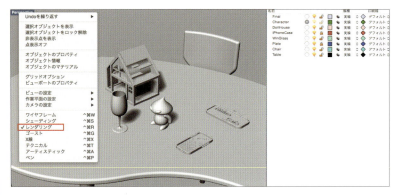

▲図rd01_08

③次に、各オブジェクトに色付けするために、マテリアルを定義しよう。マテリアルとはオブジェクトに対して割り当てることのできる色、透明度、反射率、テクスチャマップ等のことを指す。Rhinoでは、オブジェクトに対して個別にマテリアルを割り当てる方法と、レイヤに対してマテリアルを割り当てる方法がある。まず、各オブジェクトに対してレイヤの設定を行う方法を説明する。オブジェクトを選択後、右サイドバーのオブジェクトを選択し、マテリアルの割り当てが「レイヤ」になっていることを確認しよう。

▲図rd01_09

レイヤの色が表示された右隣の丸いアイコンをマウスで左クリックすると、マテリアルの定義ダイアログが立ち上がる。

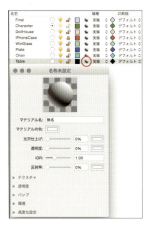

▲図rd01_10

マテリアルの色のアイコンを左クリックすると、カラーピッカーが立ち上がるので色を指定する。

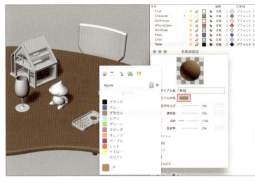

▲図rd01_11

名前を付けて閉じる。

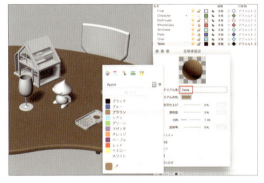

▲図rd01_12

その他のオブジェクトにも、同じようにして色を定義しておこう。カラーピッカーはいくつか用意されているので、使いやすいものを選択しよう。ワイングラスに対しては、ガラスの特性を持たせるために、円形のカラーピッカーで薄いグレーを選択し、色以外に光沢仕上げ、透明度、IOR（光の屈折率）、反射率をそれぞれ定義している。

図rd01_14は、すべてのオブジェクトのマテリアルを指定した状態。

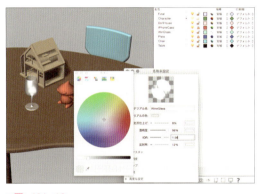

▲図rd01_13

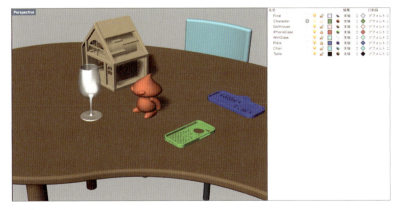

▲図rd01_14

12-2 光源の設定

モデルをレンダリングするための大きな要素として光源がある。光源には一方向に平行に光が進む指向性光源、球状に光が進む点光源、スポット光源等がある。これらを最適に設定し説得力のあるレンダリングを作成する。

①これらのオブジェクトに対して光源を設定するが、その前に、オブジェクトを囲む直方体を作成しておく。

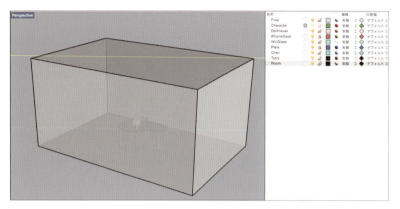

▲図rd02_01

次にサーフェスを1枚削除するために、[編集メニュー:分解/Explode]を選択してから直方体を選択し、6つのサーフェスに分解して不要なサーフェス削除する。そのあと、残りのサーフェスを結合する。

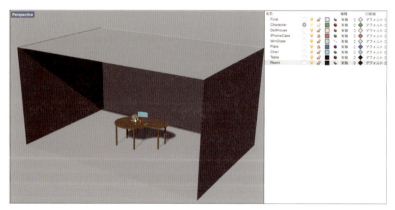

▲図rd02_02

②光源を作成するコマンドは、レンダリングメニューにある。この節では、スポット光源、指向性光源、矩形光源の3つを作成して使用する。

▲図rd02_03

スポット光源は円錐形をしており、メニューを選択してから、ソリッドの円錐作成と同じように作成する。矩形光源は長方形をしており、長方形作成と同じように実行する（図rd02_04）。指向性光源は、光源の終点・始点の位置を選択して作成する。まずは終点、それから始点を選択する（図rd02_05）。

▲図rd02_04

▲図rd02_05

これらの光源を、どこでもよいので作成しておこう。

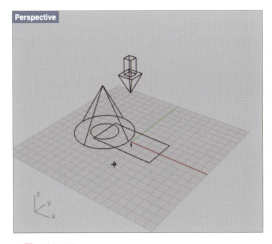
▲図rd02_06

③作成した光源を移動、回転、場合によってはスケールをかけて適正な位置に配置しよう。ここでは、矩形光源は天井の位置に、指向性光源とスポット光源は斜めから光を与えるように配置してある。

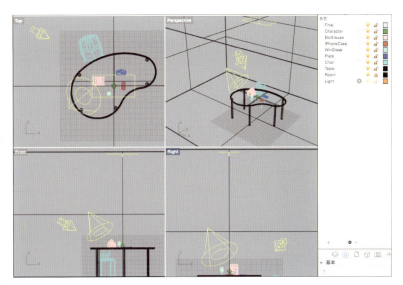
▲図rd02_07

光源を選択して右サイドメニューのオブジェクトを選択すると、光源の色や強度、影の強弱などが設定できる。

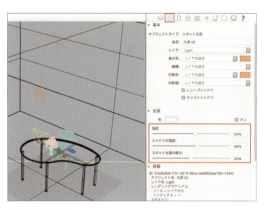

▲図rd02_08

Rhinoのレンダービュー上で確認すると、次の図のように表示されるはずだ。

▲図rd02_09

Rhinoのビューで見るレンダリングモードでの表示は、屈折を表現することはできない。そこで、Rhinoでの静止画レンダリングを行ってみる。[ファイル>設定]で「Rhinoレンダー」を表示すると、静止画レンダリングの設定ができる。ここでは、解像度とアンチエイリアシングの設定だけを行っておこう。

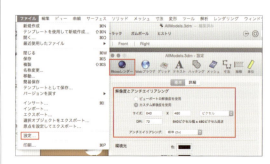

▲図rd02_10

解像度は、アクティブなビューの解像度をそのまま使用する場合と、サイズを指定する場合がある。ここでは、640×480ピクセルの設定にしている。アンチエイリアシングは、ピクセル間の色の違いをより滑らかに処理する機能だが、ここでは標準に設定している。

▲図rd02_11

メニューから「レンダリング」を選択して実行する。

▲図rd02_12

新たに指定した解像度のレンダリングウィンドウが表示され、その中でレンダリングが開始される。静止画レンダリングは品質の高い画像を作成するため、通常、計算時間がかかる。

▲図rd02_13
参照モデル●AllModel2015A.3dm [1]

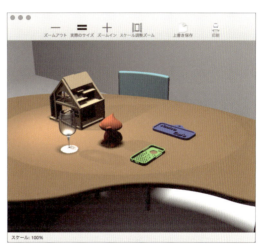

▲図rd02_14:レンダリングが終了した状態

レンダリングが終了したら、レンダリングウィンドウの「上書き保存」を選択し、名称と場所を指定して画像を保存する。ここでは、JPEGで保存している。

▲図rd02_15

12-3 ライブラリーの使用と編集

ここでは、Rhinoのマテリアルライブラリーを使用したレンダリングについて解説する。先ほどの例では、レンダリングマテリアルはオブジェクトが属するレイヤごとに割り当てたが、今度はオブジェクトごとに割り当ててみよう。

テーブルについて、マテリアルライブラリーから割り当ててみる。

①テーブルはSTLに出力するために、1つのソリッドに結合されていたが、このオブジェクトに対して板には木調の、脚には金属のマテリアルを割り当てるために、板の部分と、脚の部分に分割する。

▲図rd03_01

> **Tips**
> まずテーブルを [編集メニュー>分解/Explode]を選択し、オブジェクトを分割する。次に、それぞれのパーツごとに結合する。脚部は、横の押し出し面と底の平面で結合する。板部は、上下の面とサイドの面それぞれと、2つのフィレット面の合計、6枚のサーフェスから構成されるポリサーフェスである。

②まず、板の部分を選択して右サイドメニューのオブジェクトを選択し、マテリアルの指定の項目で[オブジェクト]にチェックを入れ、マテリアルが表示されているアイコンの下の[編集]をクリックする。

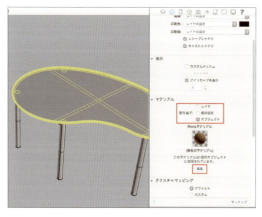

▲図rd03_02

次のようなダイアログが表示される。左側にマテリアルライブラリーが表示されているのがわかる。右側のマテリアルは、既に定義されたマテリアルである。

▲図rd03_03

左側のマテリアルの一番下にあるWalnut（くるみ）を選択し、板の部分までドラッグして離すと、Walnutのマテリアルが板の部分に割り当てられる。

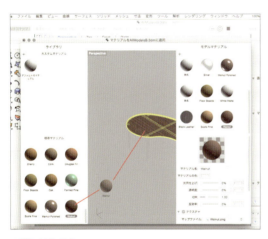

▲図rd03_04

▲図rd03_05：Rhinoのビュー上で表示された状態

同様に、脚の部分にSilverのマテリアルを割り当てる。

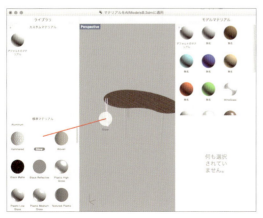

▲図rd03_06

テーブルと同様に、椅子も脚、座面、背もたれにパーツ分けを行い、適当なマテリアルを割り当てる。

③Rhinoのプレビューではマテリアルの質感がわからないので、一度、静止画レンダリングを行ってみる。

> **Tips**
> 静止画レンダリングでは、シルバーに質感が出ているのがわかる。Rhinoのレンダープレビューは基本的な表示しか行わないので、小さな解像度の静止画レンダリングを行うとよいだろう。

▲図rd03_07

④ドールハウスに関しては、STL用出力データからパーツ分けするのは大変だ。そこで「DollHouse2015.3dm」のモデルを開き、各サブレイヤの[Final]レイヤのモデルのみ表示し、選択する。⌘+Cキーでコピーし、メモリー上に対象オブジェクトを置く。

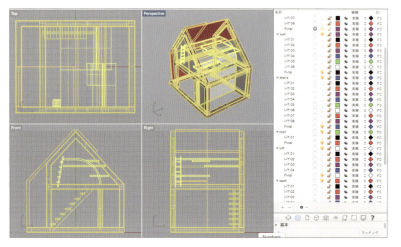

▲図rd03_08

コピー先のRhino上で⌘+Vキーでペーストし、テーブル上に移動する。

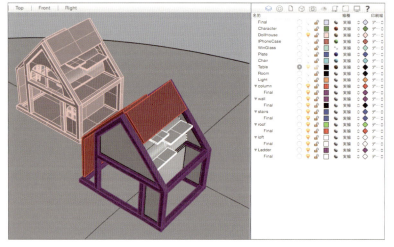

▲図rd03_09

⑤ドールハウスの各パーツにマテリアルを割り当てる。

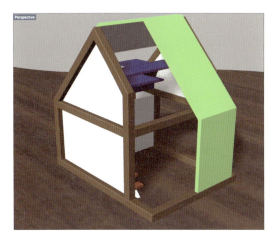
▲図rd03_10

▲図rd03_11:Rhinoビュー上でのイメージ

　Rhinoレンダーで、静止画レンダーを作成。解像度は1200×900ピクセルにしてある。

▲図rd03_12

⑥ 小さいオブジェクトにもマテリアルを割り当て、静止画レンダリングを行ってみると、反射や屈折が計算された画像が作成されているのがわかる。いろいろマテリアルを変えたり、編集したりして試してみよう。

▲図rd03_13

参照モデル●AllModel2015B.3dm [2]

12-4 Starting Rhino with Mac

3Dプリンター出力用のペイント

RhinoのMac版では、レンダリングしたモデルをそのまま色付けをして3Dプリンター出力するために、OBJファイルを使用した例を紹介する。

今までは、3Dプリンターの出力フォーマットとしてはSTLで行っていたが、着色して出力するフォーマットとして「OBJ」がある。ここでは、PhotoShop(Creative Cloud)にRhinoから出力したOBJを読み込んで色付けしたプロセスを紹介するが、PhotoShop自体の操作はここでは行わないので各自確認されたい。

①作成したオブジェクトをOBJファイルで書き出すために、[ファイル>選択オブジェクトをエクスポート]でエクスポートしたいオブジェクトを選択し[enter]キーを押す。ファイル形式で「OBJ」(obj)を選択し、[エクスポート]をクリックする。
※「簡易保存」、「ジオメトリのみを保存」、「テクスチャを保存」にはチェックを入れない。

②出力したデータをPhotoShopに取り込む（[Photoshopを起動>ファイル>開く>先ほどエクスポートしたデータを選択]）。右図はPhotoShopにOBJデータを取り込んだところ。

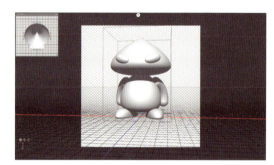

▲図rd04_01

③OBJファイルの読み込みが完了し、オブジェクトが表示されたら、[3Dメニュー:ペイントシステム>投影法]を選択する。OBJファイルに着色するためには、OBJファイルを2次元に展開した状態にする。

▲図rd04_02

④「レイヤーパネルのテクスチャをダブルクリック」し、オブジェクトの2Dテクスチャを開く。右図は展開した2次元上に、PhotoShopで色付けを行ったところ。

▲図rd04_03

⑤着色された2次元データがどのように立体に反映されるか確認する。

▲図rd04_04

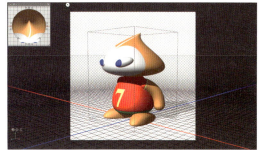
▲図rd04_05

⑥色付けをし終えたら、3D表示のファイルを選択し、[3Dメニュー:3Dレイヤーを書き出しを選択>プロパティを書き出し]にて3Dファイル形式「Wavefront｜OBJ」を選択し、テクスチャの形式で「BMP」を選択して[OK]をクリックする。

⑦BMPオプションが表示されるので、[ファイル形式]で「windows標準」にチェックを入れる。色数は任意でよいが、ここでは24bitにチェックし（「行の順序の反転」にはチェックを入れない）、[OK]をクリックする。

以上の一連の操作で、以下の3つのファイルが出力される。

1) OBJファイル
参照モデル●Character2015.obj

2) 画像データ:OBJデータ上にマッピングされる画像データ
参照モデル●Character2015.bmp

3) .mtlファイル:OBJデータとマッピングされるデータのリンクを記述したファイル
参照モデル●Character2015.mtl

このとき注意するのは、OBJファイルの1行目に.mtlファイルが正しく記載されていることと、.mtlファイルの最終行に、画像データの名前が正しく記載されていることである。

▲図rd04_06

> **Tips**
> OBJファイルと、.mtlファイルは、テキストエディターで開くことができる。

⑧色付けの確認をするために、[Rhinocerosを起動>ファイル>インポート>書き出したOBJファイルを選択>OBJのインポートオプション]にて[グループ]、[OBJオブジェクトをインポート]、[OBJのYをRhinoのZにマップ]にチェックを入れて[インポート]をクリックし、[ビュー>レンダリング]を選択。色付けが確認できたら完了。

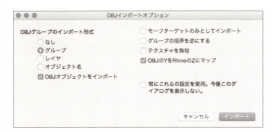

▲図rd04_07:Rhinoに再度、取り込んで静止画レンダリングをした例

▲図rd04_08

▲図rd04_09:3Dプリンターで出力したサンプルの例 / 製作協力　株式会社アイジェット（www.ijet.co.jp）

第13章
UV曲線を使ったモデリング

Starting Rhino with Mac

　第12章までは、簡単なモデルを例に、3次元モデリングに慣れることを目標としてきた。3次元モデルを作成するために、Rhinoは実に多くのコマンドや機能が用意されているが、本書で解説できるのは、そのごく一部である。Rhinoの本質である曲面モデリングと、それを可能にするデジタルデザインの基礎知識の解説には触れない。さらなるモデリングを行いたい読者は本書終了の後、Webで提供されているレベル1トレーニング、レベル2トレーニングを勉強されたい。また、Windows版Rhinoについて解説されている書籍に関しても、インターフェース部分を除き本質的な部分は同じなので、参考にされたい。
　この章では、それらのイントロダクションとして、Rhinoの本質であるNURBS(ナーブス)という曲面表現の中で重要な概念である"次数"と"UV曲線"について若干、触れたいと思う。

13-1 次数とUV曲線

美しい自由曲線を作成するためには次数による形状の違いを理解することが必要だ。またサーフェスはUV空間という2次元の矩形データに展開される。これらの概念を理解することは曲面モデリングへの第一歩だ。

[曲線メニュー:自由曲線>制御点指定/Curve]を実行すると、ダイアログ中に次数を指定する項目が出てくる。

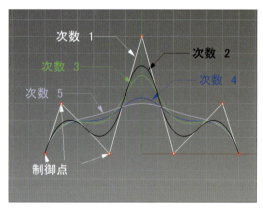

▲図nrb01_01

このダイアログで、次数を1から順に上げていき、制御点を指定していくと異なる形状の曲線が描けることがわかる。下図は、赤い丸のグリッドにスナップするように次数を変えて曲線を描いたものだ。

▲図nrb01_02

参照モデル●degree2015.3dm

次数を「1」に指定するとRhinoの[Crvコマンド]で描ける形状は直線になり、次数を「2」以上にすると曲線形状になり、次数が「3」以上の曲線を自由曲線と呼ぶ。次数が上がるほど曲線の形が、始点・終点以外の制御点から離れていくのがわかる。Rhinoでは、次数は「11次」までサポートされている。

> **Tips**
>
> 本書では、次数を意識させることなく[Curve]コマンドを説明しているが、このコマンドの次数の初期値は「3」である。このパラメーターを変更すると次回、コマンドを立ち上げたとき、その設定に固定されるので注意しよう。

円や楕円は、2次の曲線で定義されるが、これらの曲線は始点・終点だけではなく、1つおきに制御点に曲線が一致している。ある意味、NURBS(ナーブス)の中では特殊な表現で描かれているオブジェクトだ。

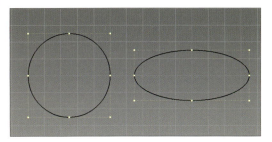

▲図nrb01_03

Column

次数の設定

次数は上げていくほど滑らかな形状になっていくが、あまり上げすぎるとデータが重くなることと、形を制御するのが難しくなるという欠点がある。あまり曲面にこだわらない形状のものをモデリングする場合は、次数「3」でよいだろう。デザイン・モデリングする対象のものが、家電製品や、インテリア、テーブルウェア等動きのないものであれば、3〜5次くらいまでを使用するとよいだろう。自動車のような動きの中での形の評価が必要なものは、重要な箇所では5次以上の設定をする。

曲面とは、ある方向に定義された曲線を、その曲線に交差する方向に定義されたもう1つの曲線に沿って動かした曲線の軌跡で定義されるものと考えてみよう。

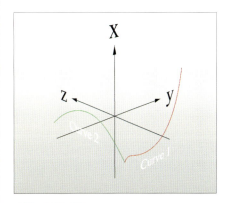

▲図nrb01_04

図の曲面は、赤色で示された曲線が緑色で示された曲線に沿って定義されたものだ。

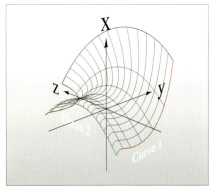

▲図nrb01_05

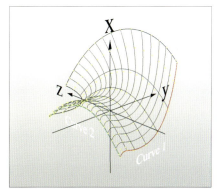

▲図nrb01_06:制御点をオンにした状態

13 UV曲線を使ったモデリング

この曲面は多くの制御点から構成されているが、もし高さ方向の制御点をすべて同じ高さにすると平面になる。すなわち、曲面というものは制御点を3次元的に配置して形状が変わるものであり、図nrb01_07の2つの曲面と平面（平面は曲面の一部）は同じ構造の曲面である。このとき、この平面の境界の線を曲面のUV曲線と呼ぶ。

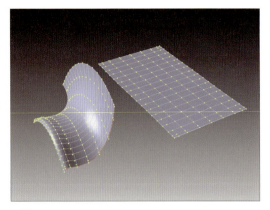

▲図nrb01_07

すべての曲面は、内部的に2次元のUV曲線という2次元の空間を持つ。UV曲線を生成するためには、［曲線メニュー:オブジェクトから曲線を生成＞サーフェスのUV曲線を生成/CreateUVCrv］コマンドで行う。使用方法は後述する。

▲図nrb01_08

曲面が内部的に持つ、"UV曲線"を抽出してXY空間上に展開すると、曲面の大きさによって領域は異なるが、曲面を構成するエッジの数に限らず、どれも矩形形状となる。図nrb01_09は、円弧を回転して生成された曲面（2辺のエッジを持つ）と、円弧を360度、回転して生成された球体（2辺のエッジが始点・終点で一致している）の制御点を表示し、そのUV空間を［CreateUVCrv］コマンドで生成したものである。

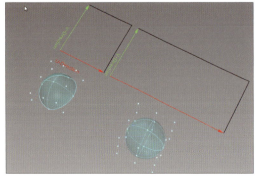

▲図nrb01_09

図nrb01_10は、左側から、3辺のエッジから構成される曲面、4辺のエッジから構成される曲面である。右端の曲面は、見かけは7辺のエッジから構成される曲面であるが、実際には4辺エッジ曲面を定義し、それを曲面上に乗るトリム曲線でUV曲線の領域を制限したものである。それぞれの"UV曲線"を抽出すると、その曲面の領域に対応する2次元空間とトリム曲線が生成される。

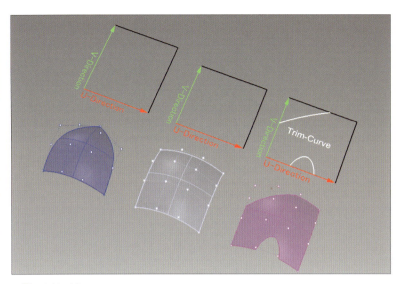

▲図nrb01_10

> Column
>
> ### 非トリム曲面（非トリムサーフェス）とトリム曲面（トリムサーフェス）
>
> 曲面は、内部にトリム曲線を持たないものを非トリム曲面、トリム曲線を持つものをトリム曲面と分類される。トリム曲面は、非トリム曲面と、曲面上に乗った曲線（面上線）によって構成され、面上線の外側（または内側）を非表示にすることによって成立するので、Rhinoのように"UV曲線"を持つ曲面は、4辺のエッジを越えた場合は非トリム曲面で定義することはできない。物理的に、5辺以上のエッジから構成される曲面は、トリム曲面として表現するか、複数の非トリム曲面で構成して形状を定義する必要がある。

13-2 鉛筆立てのモデリング

サーフェスとUV空間の関係が理解できるとモデリングの幅が広がる。ここで行うモデリングは他のモデリングにも適用できる。またモデルもデータ量が増えてくるが、それにも対処できるようトライしてみよう。

複雑なモデルになってくると、複数の非トリム曲面とトリム曲面によって構成される。本書の最後のモデルとして、UV曲線を利用した少し複雑な多くの曲面から構成されるモデリングを行ってみよう。第12章までに頻繁に使用したコマンドに関しては詳細には説明しないので了解されたい。

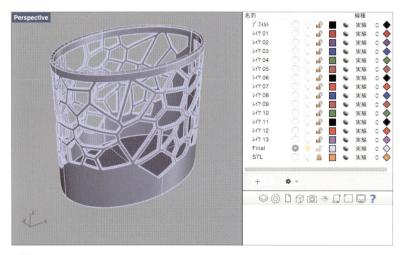

▲図nrb02_01

参照モデル ● PencilCase2015.3dm

①押し出し面の作成

ここで作成するのは、縦120mm、幅80mm、高さ100mmの鉛筆立てだ。Topビューで楕円を描き、Z方向に押し出して面を作成しよう。

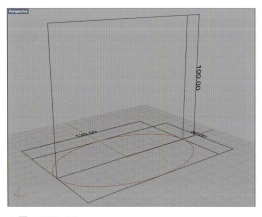

▲図nrb02_02

参照モデル ● PencilCase2015.3dm>レイヤ02

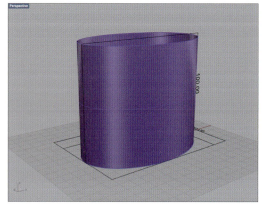

▲図nrb02_03

②UV曲線の作成

　［曲線メニュー:オブジェクトから曲線を生成＞サーフェスのUV曲線を作成/CreateUVCrv］を選択し、ダイアログの指示に従い、押し出し面を選択する。

▲図nrb02_04

　次に、［UV曲線を作成するサーフェス上の曲線を選択］のメッセージで、［終了］ボタンもしくは[enter]キーを押す。XY作業平面上に、UV曲線が生成される。

▲図nrb02_05

③パターン領域の設定

　Topビューで、UV曲線の内側に少しオフセットした矩形を作成しておく。UV曲線は、元となる曲面の最大領域である。ここでは、その内側に最終的に鉛筆立ての表面上に作成するパターンの領域を決めておく。

▲図nrb02_06

参照モデル●PencilCase2015.3dm＞レイヤ03、04

> **Tips**
> オフセット曲線は、次に作成するパターン領域の大きさで決定する。自由な大きさでよい。

④パターンの作成

内側の領域内に、ポリラインで最終のモデルを意識しながらパターンを作成する。

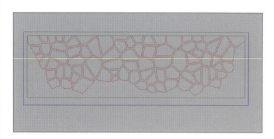
▲図nrb02_07

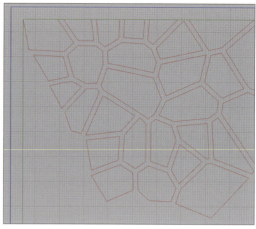
▲図nrb02_08

参照モデル ● PencilCase2015.3dm＞レイヤ05

Tips

これらのドローイングをRhinoで行ってもよいし、他のソフト、例えばAbobe Illustratorで作成したものをRhinoに読み込ませてもよい。

⑤パターンをサーフェスにマッピング

UV曲線内に描かれたパターンは、元のサーフェスにマッピングすることができる。［曲線メニュー:オブジェクトから曲線を作成＞UV曲線を割り当て/ApplyCrv]を選択し、ダイアログのメッセージに従い、UV曲線と、その中のパターン曲線を選択する。

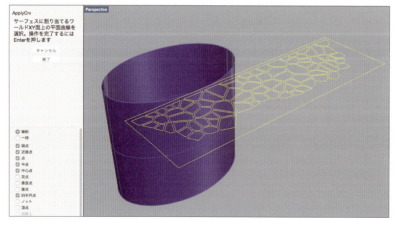
▲図nrb02_09

続いて、ダイアログの[平面曲線を割り当てるサーフェスを選択]というメッセージに従い、サーフェスを選択すると、UV曲線内のパターンがサーフェス上にマッピングされる。

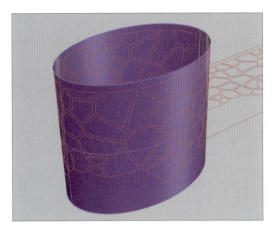

▲図nrb02_10

参照モデル ● PencilCase2015.3dm＞レイヤ06

　UV曲線もサーフェスにマッピングされ、サーフェスのエッジとシームの部分に現れる。マッピングされた曲線を見て、不要な曲線を選択して削除する。

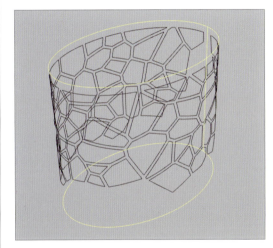

▲図nrb02_11

⑥ マッピングされたパターンによるサーフェスの分割

　［編集メニュー:分割/Split］を選択し、ダイアログのメッセージに従い、分割を行うサーフェスを選択する。

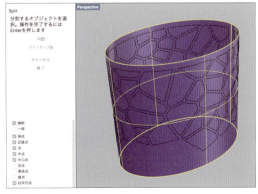

▲図nrb02_12

次に、切断オブジェクトを選択するように指示されるので、マッピングされたパターン曲線をすべて選択して、[終了]ボタンもしくは[enter]キーを押す。

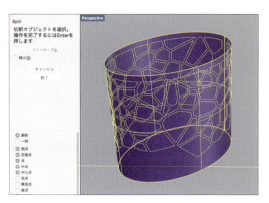

▲図nrb02_13

⑦ **分割された不要なサーフェスを削除**

分割が成功したら、不要なサーフェスを選択して削除する。

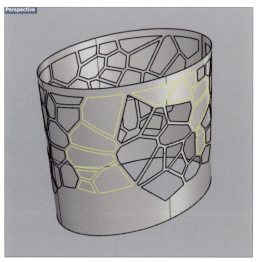

▲図nrb02_14

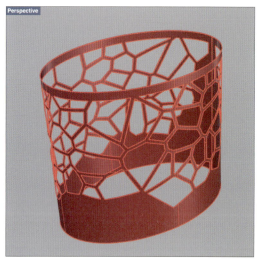

▲図nrb02_15

参照モデル ● PencilCase2015.3dm＞レイヤ06

⑧ **サーフェスのオフセットによるソリッド作成**

トリムしたサーフェスを、内側に2mmオフセットしてソリッドを作成しよう。[サーフェスメニュー:オフセット/OffsetSrf]を選択する。

Tips

サーフェスの選択は1つ1つ行ってもよいが、効率的に行うことを考えよう。例えば、すべて選択してから、残す部分だけを[control]キーで選択解除して削除することもできる。

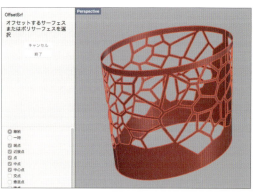

▲図nrb02_16

オフセットするサーフェスを選択する。

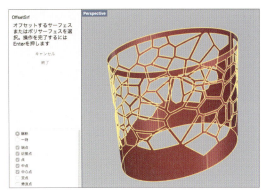

▲図nrb02_17

ダイアログにオフセットの条件が示されるので、[距離]=2、[コーナー]を「ラウンド」、[元のオブジェクトを削除]に設定する。表示されるサーフェスの方向が外側を向いている場合は、[すべて反転]をクリックして面が内側に向くようにする。

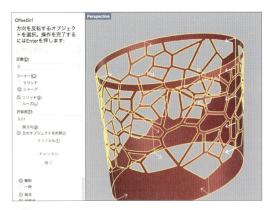

▲図nrb02_18

厚さ2mmのソリッドが作成される。

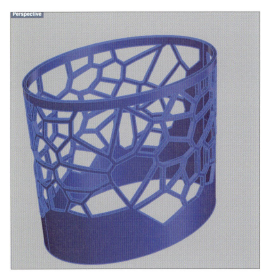

▲図nrb02_19

参照モデル●PencilCase2015.3dm>レイヤ07

⑨ソリッドからサーフェスを抽出する

鉛筆縦の一番上の部分は、ブレンド面で滑らかに仕上げたいので、平面状のサーフェスを削除する。また、下の面も厚み付けを行うため削除する。[ソリッドメニュー:サーフェスを抽出/ExtractSrf]を選択する。

▲図nrb02_20

次に、抽出するサーフェスを選択していく。このモデルでは、上部は4つのサーフェスで構成されているので、1つずつ選択していく。

▲図nrb02_21

同じように、下部のサーフェスも削除しておく。[解析メニュー:エッジツール>エッジを表示/ShowEdges]を選択する。ダイアログで[オープンエッジ]を指定すると、削除された部分がピンク色で表示されているはずだ。

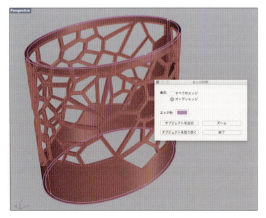

▲図nrb02_22

⑩内側面の下部をトリムする

このモデルの下部を5mmの厚みを付けて閉じるために、平面サーフェスを作成して、Z方向に5mm移動しておく。

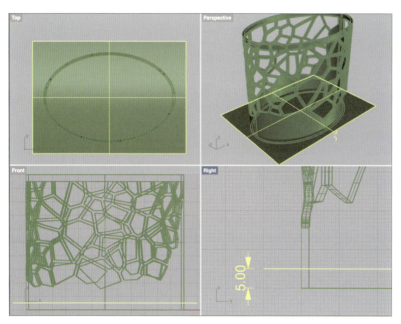

▲図nrb02_23

参照モデル ● PencilCase2015.3dm＞レイヤ09

「トリム」とは、オブジェクトを分割して不要部分を削除する作業を同時に行うことである。[編集メニュー:トリム/Trim]を選択する。切断オブジェクトとなる、平面を選択する。

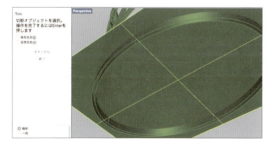

▲図nrb02_24

[トリムするオブジェクト選択]のメッセージで、2つあるサーフェスの内側のサーフェスのエッジ付近を選択する。

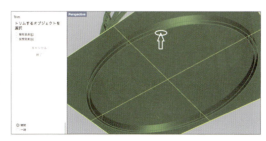

▲図nrb02_25

平面と交差した内側のサーフェスが削除される。切断に使用した平面サーフェスも不要なので削除する。

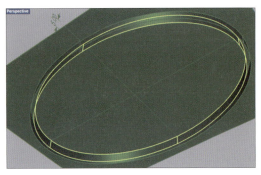

> **Tips**
> [Trim]コマンドは、次のように考えるとよいだろう。
> 1) どのオブジェクトでトリムするか？ この例では平面サーフェスでトリムする。
> 2) トリムの対象となるオブジェクトの不要部分はどこか？ この例では内側のサーフェスの平面より下の部分である。

▲図nrb02_26

参照モデル ● PencilCase2015.3dm＞レイヤ11

⑪平面サーフェスで蓋をする

[サーフェスメニュー:平面曲線から/PlanarSrf]を選択し、内側のサーフェスの下のエッジ部分を選択する。このモデルでは、4本のエッジに分割されているので、すべてのエッジを選択する。

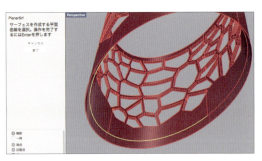
▲図nrb02_27

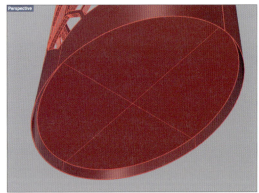
▲図nrb02_28

同様に、外側のエッジにも平面を作成して蓋をする。

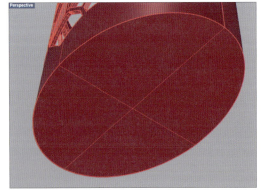
▲図nrb02_29

参照モデル ● PencilCase2015.3dm＞レイヤ13

⑫ 上部にブレンド面を作成する

　[サーフェスメニュー：ブレンド/BlendSrf]を選択する。ブレンドの設定で、間隔許容差を「0.01」に設定し、[1つ目のエッジとなる次のセグメントを選択]の指示に従い、外側のエッジを選択して、enterキーを押す。

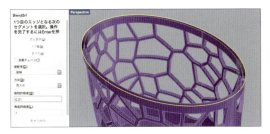

▲図nrb02_30

　[2つ目のエッジとなる次のセグメントを選択]の指示に従い、内側のエッジのセグメントを選択していく。このモデルでは、4つのセグメントに分かれているので、順番にすべて選択してから、enterキーを押す。

▲図nrb02_31

　[シーム点をドラッグして調整]というメッセージが出るので、シーム点の位置、方向が一致していることを確認したうえでenterキーを押す。

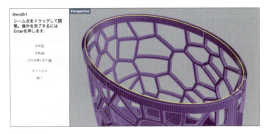

▲図nrb02_32

> **Tips**
> シームが一致していない場合は、合わせたいほうのシームの開始点を選択してドラッグする。このとき、オブジェクトスナップを使用するとよい。また、シームのどちらかの方向が反対を向いている場合は、[反転]ボタンを押してから、対象となるシームの開始点をクリックすると反転できる。

　エッジが正しく選択されると、ブレンドの調整ダイアログが現れる。ここでは、エッジ1、エッジ2ともに、接線連続に設定している。その他の設定は初期設定どおりである。

▲図nrb02_33

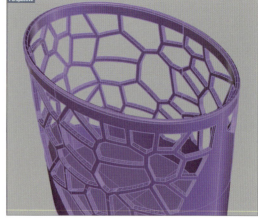
▲図nrb02_34

参照モデル ● PencilCase2015.3dm＞Final

> **Tips**
> サーフェスのブレンドを行う際、このモデルのように、2つのサーフェスのエッジが異なる数のセグメントに分かれている場合は、エッジの対象となるすべてのセグメントを選択する必要がある。

以上でUV曲線を利用したモデリングを鉛筆立てに応用して作成してみた。STLへの出力については、前の章を参考に行っていただきたい。また、このモデルを出力するためには3Dプリンターで出力する際に指定する材料によっては作成できない可能性があるので、事前に確認する必要がある。3Dプリント出力サービスのホームページでは、モデルをアップロードしてそのモデルのチェックと費用見積もりをしてくれるので、そこで確認するとよいだろう。

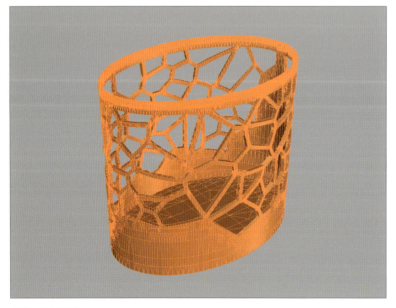
▲図nrb02_35
参照モデル ● PencilCase2015.3dm＞STL

索引

コマンド

ApplyCrv 266
Arc 163,190
Array 130
ArrayPolar 167
BlendCrv 113
BlendSrf 113,273
BooleanDifference 87,92
BooleanUnion 75,90
Box 61,64
Cap 176
Circle 130,167
Copy 174
CreateUVCrv 262,265
Curve 104,107
Cylinder 18,21
Dir 122
Ellipsoid 145,156
Explode 39,42
ExtractSrf 270
ExtrudeCrv 34,84
ExtrudeCurve 119
Fillet 109
FilletCorners 82,119
FilletEdge 93,135
Hide 108,156
Join 43、115
Line 128,166
Lock 80
Loft 175
Mirror 150,155
Offset 80
OffsetSrf 268
OrientOnCrv 192
Pipe 154,187
PlanarSrf 185,272
PointsOff 106,108
PointsOn 105,107
Polyline 81,187
RailRevolve 184
Rebuild 147,151
Rectangle 32,79
Redo 52
Revolve 111,143
Rotate 149,152
Rotate3D 158
Scale 179
SetPt 148
Show 110,158
ShowEdges 270
Sphere 73
Split 267
Sweep1 197
Tcone 71
TextObject 88
Trim 129,171
Undo 52
UnLock 82
Zoom 79,103

数字

1画面表示 24
3Dプリンター 97
3次元カーブ 153

英語

Frontビュー 24
mtl 257
NURBS 261
OBJ 256
Perspectiveビュー 24
PhotoShop 256
Rightビュー 24
STL 97, 100

Topビュー　24
UV曲線　260
UV空間　262
XYZ座標　32

あ

アイコン　19
アイソカーブ　42
アウトライン　88
アンチエイリアシング　251
位置連続　106
移動　105
インストール　8
インスペクタパネル　29
インポート　202
上書き保存　26
エクスポート　97
円　130
円弧　190
円錐台　71
円柱　18
押し出し　204
　　〜オブジェクト　42
オブジェクト　38
　　〜スナップ　32
　　〜の選択　59
　　〜パネル　39
オフセット　80

か

カーブオブジェクト　38
外形線　163
回転　23, 111, 149
　　〜配置　165
ガイドライン　102, 140
ガムボール　52
　　〜移動
　　〜回転
　　〜スケール

カラーパネル　37
カラーピッカー　247
カレントレイヤ　33
環状配列　168
起動　10
キャップ　176
許容差　16
矩形光源　248
グリッドスナップ　31
グリッド線数　51
グループ化　236
結合　43
原点　32, 79
光源　248
コピー　56, 254
コマンド　18
　　〜のキャンセル　18
　　〜ヒストリ　42
　　〜プロンプト　21
　　〜ボックス　17

さ

サイドバー　28
サブレイヤ　118
シーム　113, 273
　　〜点　175, 197
シェーディング　23
ジオメトリ　256
四角形　32
指向性光源　248
次数　260
自由曲線　104, 142
新規モデル　50
スイープ　197
ズーム　23
スナップ間隔　81
スナップの解除　167
スポット光源　248
スマートトラック　91

寸法　17, 182
制御点　20
静止画レンダリング　254
セグメント　274
接線円弧　164
接線連続　106
全体表示　79
操作画面　16
ソリッド　21, 41, 43, 45

た

楕円　145
チェーンエッジ　93, 135
通過点　20
注記　29
中心点　148
長方形　32
直線　128
直方体　61
直行モード　205
ツールパレット　17
テクスチャ　246
テクニカル　126
デフォルトレイヤ　30
点　46
電球アイコン　36
点光源　248
テンプレート　16, 78
　　～ファイル　16
透明度　246
閉じた押し出し　42
閉じた曲線　38
閉じたポリサーフェス　75
トラックパッド　25
トリム　109, 129
　　～曲面　263

な

ナッジ　105

は

バイナリ　99
パイプ　187
ハイライト　34
配列　225
バリデーション　12
パン　23
反射率　246
非トリム曲面　263
非表示　108
ビュー　23
　　～ポート　17
　　～ポートタイトル　17
評価版　8
表示　110
　　～色　37
開いた曲線　38
開いたサーフェス　41
開いたポリサーフェス　45
フィレット　82, 93, 109, 135
ブール演算　75, 87, 159
複製　26
複製配置　56
副ツールパレット　20
太グリッド線間隔　51
フリーフォーム　176
プリミティブ　50
ブレンド　113, 273
ブロック　29
フローティング　11
プロパティパネル　38
分解　39
平面モード　32
ペイント　256
ペースト　254
ヘルプ　47
細グリッド線　51
保存　26
ポリカーブ　39

ポリゴンメッシュ　46, 98
ポリゴンモデル　46
ポリサーフェス　252
ポリライン　39, 816

ま

マッピング　266
マテリアル　246, 252
　～ライブラリー　252
ミラー　150
メニュー　17
モデリング　50
モデルの一体化　75
モデルファイル　16

や

四半円点　91

ら

ライセンスキー　9
ライブラリー　252
ライン　79
リビルド　145, 151
輪郭線　104
レイヤ　30
　～の非表示　36
　～の表示色　37
　～のロック　36
　～パネル　29
レンダリング　244
ロック　80
ロフト　175

わ

ワールド座標系　32
ワイヤーフレーム　216

おわりに

曲面形状を作成できる3次元のデジタルツールを使い始めて25年以上経過しました。関わってきた3次元ツールのプラットフォームはミニコン、UNIX、Mac、Windowsと変遷してきました。最初にMacのアプリケーションに関わったのは、Ashlar VellumというMac上で動作するNURBS表現の3次元モデラーです。PostScript言語をベースにしたもので、3次のNURBS表現でモデリングすることができました。Ashlar Vellumは、その後、日本でWindows版に移植され、その開発に関わったこともあります。私がRhinoを日本での取り扱いを始めて17年後に、ようやくRhino Mac版がリリースされたということは感慨深いものがあります。

一般的には特定のアプリケーションを使用する際に、最初のハードルになるのは使用するOSでしょう。私自身はハードやOSにはあまり興味がなく、3次元デジタルモデリングをやりがいがために仕方なくワークステーションやMac、Windows PCを使ってきました（可能ならば使いたくないのですが、納得のいくモデルを自分で作成したいのであれば、他に選択肢はありません）。実際、早期にRhinoを使用し始めたパワーユーザーの方もMacユーザーで、必要にかられてWindows PCを購入して使用するようになった人も多いと思います。

Rhinoに限って言えば、次のハードルは"3次元を扱う"ということの慣れでしょう。

2次元のアプリケーションであれば、得意・不得意やセンスの問題はあれ、1つのビューで紙を扱う延長と考えれば何とか目的は達成できるかもしれません。

ところが3次元では、最低でもTop、Front、Right、Perspectiveビュー操作することが求められ、高度なモデリングになれば、必要に応じてさらに多くの作業平面という、単純なワールド座標系以外の平面を定義してモデリングすることもあります。

ここまでは、どの3次元アプリケーションも同じかと思いますが、Rhinoのような優れた曲面表現を持つモデラーを最大限に活かすためには、さらにNURBSという数学表現の本質を感覚的に理解することにより、より品質の高いデザインを3次元モデルとして具現化することができます。実際、Rhinoを使用して活躍されているデザイナーの方々の多くは理論的に説明することはできなくても、直感的、感覚的あるいは経験的に本質を理解しているはずです。

NURBSを完全に理解するためには単純な幾何学ではなく、自由曲線・曲面を扱う数学表現自体を勉強する必要があります。3次元モデルの開発をするのではなければそこまでする必要はありませんが、興味があればネット等で調べてみてください。ちなみに、Rhinoのコアの部分を開発している人たちは、自分たちのことをプログラマーではなく、Mathematician（数学者）と呼びます。

本書では、Macユーザーの方に3次元モデリングにまず慣れていただくために、初歩的な自由曲線・曲面を使用したモデルを紹介していますが、それでも、それなりのものを楽しんでモデリングができるように考えました。

また、ここ2〜3年注目されている3Dプリンターへの出力は難しくはありませんが、それなりの知識は必要です。本書を通じてきっちりしたモデル（Rhino的に言えば、問題なく結合できる閉じたポリサーフェスから適切なSTLデータが出力可能なモデル）を作る必要があることを理解したうえで、独自の3Dモデルを出力して楽しんでもらえれば幸いです。

最後に、本書に執筆にご協力をいただいた多くの皆様に、心より感謝を申し上げます。

2015年9月　中島淳雄

本書で使用されているモデルデータは、
http://www.rutles.net/download/439/index.html
で入手できます。

中島淳雄（なかじま あつお）
3Dデジタルモデリングエキスパート、曲面造形のスペシャリスト
電気通信大学　材料科学科卒業
電子部品メーカーエンジニアを経て、日本コンピュータービジョン社他で、3次元CADのアプリケーションのテクニカルサポート、プロダクトマネージャー担当
1997年、株式会社アプリクラフト設立、代表取締役、現取締役
2008年、株式会社グリフォンデザインシステムズ設立、代表取締役
慶応義塾大学、武蔵野美術大学　非常勤講師
日本デザイン学会会員、日本建築学会会員

株式会社アプリクラフト　斉藤兼彦、藤田隆弘、押山玲央
株式会社グリフォンデザインシステムズ　深澤妙子

Macではじめる Rhinoceros

2015年11月10日　初版第1刷発行

監修　中島淳雄
執筆　株式会社アプリクラフト
装丁　VAriantDesign
編集　うすや

発行者　黒田庸夫
発行所　株式会社ラトルズ
〒102-0083　東京都千代田区麹町1-8-14 麹町YKビル3階
電話 03-3511-2785　　ファクス 03-3511-2786
http://www.rutles.net

印刷・製本　株式会社ルナテック

ISBN978-4-89977-439-6
Copyright ©2015 ATSUO NAKAJIMA, AppliCraft Co., Ltd.
Printed in Japan

【お断り】
- 本書の一部または全部を無断で複写複製することは、法律で認められた場合を除き、著作権の侵害となります。
- 本書に関してご不明な点は、当社Webサイトの「ご質問・ご意見」ページ http://www.rutles.net/contact/index.php をご利用ください。電話、電子メール、ファクスでのお問い合わせには応じておりません。
- 本書内容については、間違いがないよう最善の努力を払って検証していますが、監修者・著者および発行者は、本書の利用によって生じたいかなる障害に対してもその責を負いませんので、あらかじめご了承ください。
- 乱丁、落丁の本が万一ありましたら、小社営業宛てにお送りください。送料小社負担にてお取り替えします。